KB271795

경사지 테라스하우스

경사지 테라스하우스

최 규 학 著

한국학술정보㈜

목 차

1. 서 론

1.1 연구의 배경과 목적

오늘날 많은 한국인들은 '아파트'란 형태의 집합주거에서 살고 있다. 고대 로마의 인슐라에(insulae) 등에서 그 근원을 찾아볼 수 있고, 그리고 주로 저소득층을 위한 임대주택으로 서구에서 자리잡기 시작한 아파트는 60년대부터 한국사회에 등장하기 시작하였으므로 겨우 40년을 조금 넘는 역사를 갖고 있으나 오히려 서구 어느 나라에서보다 보편적인 주거형태로 발전하여 한국의 도시상(都市像)을 지배하고 있다.[1] 아파트 붐을 일으키고, 아파트 특유의 문화와 '아파트 세대(世代)'를 만들어내고, 머지않아 아파트에서 태어나 아파트에서만 살다가 일생을 마치는 사람도 등장할 전망이다.

이렇게 된 배경에는 인구밀도에 비하여 비좁은 국토, 택지의 부족, 아파트가 갖는 편의성 등이 복합적으로 작용하고, 산업화사회로의 전이에 있어 주택난의 해소, 주거의 현대화 등에 적지 않게 기여한 측면도 있으나 획일적인 형태에 의한 도시경관의 황폐화, 이익추구 중심의 고층화 및 고밀화는 우리를 식상하게 하고 새로운 사회적, 도시적 문제를 야기하고 있기도 하다.

경사지 테라스하우스는 한국과 같이 산지가 많은 스위스, 오스트리아 등에서 이미 60년대부터 많이 활용되고 있는 주거형태로 한국의 이러

---

1) 2000년 기준 전체가구수의 47.8%가 아파트로 조사되었다. 2001년 주택업무편람, 건설교통부, p.259.

한 획일적 발전에 대한 하나의 대안적 주거형태로 주목된다.

경사지 테라스하우스는 집합주거의 특징을 지니고 있으면서도 또한 단독주택에서의 이점을 많이 지니고 있다. 아파트에서는 불가능하고 단독주택에서나 가능한 마당이나 정원을 집집마다 가질 수 있다. 작으나마 소채밭을 가꾸고, 꽃밭을 꾸밀 수 있으며, 일광욕을 즐기며 책을 읽거나 차를 마시거나, 잔디를 깎거나 체조로 몸을 단련할 수 있다. 자연광(自然光)에 빨래를 말릴 수 있는 이점이 있으며 어린아이들에게 흙을 만지고 놀 수 있는 기회를 내 집안에 제공하여 동심을 풍부하게 할 수도 있다. 단독주택에서 가능한 활동의 대부분이 가능한 것이다. 대개 열린 조망을 즐길 수 있으며, 화재나 지진 등 재난 시에 대피도 용이하여 고층 또는 초고층 주거에서 겪는 실질적 위험을 피하며, 심리적 불안감을 염려할 필요도 없다.

경사지의 활용으로 교외에서는 평지나 경작지를 보존하거나 평지를 필요로 하는 산업용지로 활용할 수 있는 이점이 있다. 기존의 도시 내에서도 불량주거지는 주로 '산동네', '달동네'로 불리는 경사지에 형성되어 있으므로 '재건축', '재개발'사업을 통한 주거환경 개선과 현대화를 도모하기에도 적합하다. 기존의 아파트 형태에 의한 획일적이고 식상한 도시의 경관에 변화를 주며, 도시 스카이라인 형성에도 긍정적으로 활용할 수 있고 수요자에게는 선택의 폭이 넓어진다. 이러한 모든 점은 잃어 가는 가치들을 회복하는 데 유용하게 활용할 수 있으며, 주거의 질과 관련하여 무시 못 할 요소들이라 할 것이다.

이러한 긍정적인 요소들에도 불구하고 경사지 테라스하우스는 국내에서 그리 많이 보급되어 있는 형편이 아니다.

① 그 원인의 하나로 산지개발은 곧 '자연환경 파괴'로 생각하는 우

리 사회의 선입관이 크게 작용하여 우리는 그러한 주거형태에 대한 발
상자체에 익숙하지 않은 데 있다. 스위스나 오스트리아, 독일 등에서는
담쟁이류의 식물을 이용하여 몇 년 지나면 건물 외부가 거의 뒤덮이게
하여 멀리서는 주거단지가 있다는 것 자체를 거의 인식하지 못하게 하
여 시각적으로는 물론 생태학적으로도 성공하고 있고 결과적으로 산지
를 적극적으로 이용하고 국토의 이용률을 극대화하고 있어 이점은 인
식의 전환이 필요한 문제라 할 수 있다.(그림 1 참조)

그림 1 경사지 테라스하우스 모범사례
(초기 및 30년 후의 전경. 스위스 Umiken)

② 테라스하우스가 국내에서 활성화되지 못한 또 하나의 이유는 한
국에서의 관계법규 및 제도가 경사지에서 테라스하우스 건설에 제약요
소로 작용하고 있는 데서 찾을 수 있다. 하나의 사례로 한국과 스위스
의 건축법에서 건폐율(建蔽率)과 용적률(容積率)에 의한 규정을 비교
하여 살펴보면, 두 나라의 차이점은 한국은 옥외 공간 확보를 위한 건
폐율의 강화에 의해서 제한을 하고 용적률에서는 완화되어 있는 상황

이므로 자연스럽게 수직적으로 확장되어간다. 그러나 스위스에서는 건폐율에 의해서 제한하지 않고 층수와 최소 녹지율(綠地率), 그리고 용적률에 의해서 제한하고 있으므로 자연스럽게 바닥면에서 수평적으로 확장되어도 제약요소로 크게 좌우하지 않는다.

또한 한국에서 '건폐율 제한'은 대지 단위로 최소한의 공지를 확보케 함으로써 시가지 건축물의 무질서한 과밀을 방지하여 일조·채광·통풍 등이 잘 되게 함은 물론, 화재 시 연소의 차단·소화작업·피난 및 식목을 위한 공간을 확보하기 위한 목적을 갖고 있다. 그러나 경사지 테라스하우스에서 테라스는 실제적으로 옥외 공간으로써 이와 같은 목적들을 충족시키고 있다. 건축법에는 일반적인 경우 테라스가 건폐율 산정 시 건축면적에 포함되어 건폐율의 제한을 받는 불합리한 점이 있다. 이것은 한국에서 경사지 테라스하우스 건설의 활성화에 가장 장애적 요소로 작용하고 있다.

③ 한편 국내에 실현된 경사지 테라스하우스는 계획에서 경사지 테라스하우스의 특성을 제대로 고려하지 못하여 충분한 매력을 얻지 못하고 있는데도 기인한다고 할 수 있다. 현재 국내에는 건축 중에 있는 1곳을 포함하여 약 10개소에 이른다.[2] 하지만 경사지 테라스하우스형식을 활용한 역사가 짧은 탓도 있겠으나 국내에서는 아직 경사지 테라스하우스의 개념자체도 명확히 정리되어 있지 않으며, 부적절한 단위주호(單位住戶)의 실 배치로 인하여 실들의 일조 및 환기에 문제가 많이 야기되며, 부적절한 단위주호의 규모 및 실내 공간규모의 채택으로 인

---

2) 부산: 경희 아파트(1978), 부산: 국일 주택(1980), 서울 반포동: 강남원 빌라(1984), 부산 망미동: 주공아파트(1984), 서울 이태원: 삼호 빌라(1985), 서울 홍제동: 테라스하우스(1989), 용인 영덕: 주공아파트(1998), 부산 당감지구: 주공아파트(1999), 인천 옥련동: 파크빌리지, 용인: 새천년 그린빌(건축 중, 2001년 분양완료).

한 평면구조 개조현상, 특히 테라스에서의 시선차단시설의 불충분한 고려로 인한 프라이버시 노출 등으로 사용자에 의한 실내 공간과 테라스의 개조가 많이 야기되고 있다. 기존 경사지 테라스하우스에서의 이러한 사례들은 결국 경사지 테라스하우스가 제대로 평가되기 어렵게 할 뿐만 아니라 오히려 이미지를 저하시켜 이러한 주택유형의 활성화를 어렵게 하는 결과를 가져오고 있다.

비록 경사지 테라스하우스를 전문적으로 다루지는 않으나 국내에도 그동안 '테라스하우스' 또는 '경사지 활용'과 관련하여 여러 편의 연구가 있고, 이러한 문제점들이 부분적으로 지적이 되고 있다.[3] 그러나 이들 연구들은 문제점 지적에 그치고 그 원인이나 계획적 요소들과의 관계 분석에 대해서는 깊이 접근하지 않고 있다.

본 연구는 이러한 상황을 주목하고 경사지 테라스하우스를 계획할 때 기본적으로 고려하여야 할 몇 가지 사항들에 대하여 한국과 유럽의 상황을 바탕으로 검토, 분석하여 요소들의 관계와 적정한 범위들을 도출해보는 것으로, 향후 계획 시 실질적으로 활용할 수 있게 하여 경사지 테라스하우스의 장점들을 제대로 살리는 데 기여하는 한편, 법규나 제도 수립에 필요한 기초자료를 제공하는 데 주된 목적을 두고 있다.

이를 통하여 주거환경과 도시경관이 향상되고, 그리고 우리에게는 풍부한 산지가 보다 생산적으로 활용되어 국토의 효율적 이용에 도움이 되었으면 한다.

---

3) 우동주, 경사지집합주거 유형개발을 위한 현장연구, 대한건축학회논문집 11권 4호, 1995, p.67-77.

1.2 연구의 범위 및 방법

테라스하우스에는 평지에 인위적으로 형성되는 테라스하우스도 있다. 본 연구는 주제와 같이 경사지를 활용한 테라스하우스로 그 범위를 한정하며, 단위주호(單位住戶)는 2층 혹은 3층으로 이루어지는 복층형(複層形)의 유형도 있지만 연구의 단순화를 위하여 1층으로 이루어진 유형으로 한정하였다.

지역적으로는 한국과 유럽, 특히 한국의 지리적 여건과 유사한 스위스, 오스트리아, 독일의 사례와 자료를 바탕으로 하였다.

본 연구의 내용적 범주는 테라스하우스의 단위주호 평면계획, 단위주호의 적층(積層)관계, 주거동의 배치 및 구성관계와 밀도관계로 한정하였다.

연구의 주안점은 개발에 따른 자연 지형 훼손의 최소화를 위한 계획개념을 바탕으로 일조확보와 테라스하우스의 최대 장점인 테라스에서 사적인 시각적 프라이버시보호로 거주의 질적인 측면을 증진시키기 위한 방향을 추구하는 데 두었다.

본 연구는 건축계획이론, 제 규정의 검토와 경사지 테라스하우스에 대한 한국과 유럽의 실 사례답사를 기반으로 하고 있다. 사례 답사는 설계자 및 거주민과의 인터뷰를 포함하고 있으며, 특히 유럽사례답사에는 10여 년에 달하는 연구자의 유럽체류 수학(修學)경력이 십분 활용되었다.

그러나 국내에는 건설된 사례도 적거니와 자료도 적어 대부분의 도면이나 사진들은 필자에 의해서 생성되었다. 테라스와 연계되어 거주의 질적인 요소들을 단위주호, 주동, 그리고 단지형성의 순차적인 단계에 따라 구분하여 조사하고 측정하였다. 요소들의 측정을 위한 조처는 부분적으로 문헌상에서 선택하거나 부분적으로는 연구자 스스로 개발하거나 시뮬레이션(simulation)화하여 사용하였다. 이는 한 요소의 한계수치의 설정에 사용되었으며, 그로부터 다른 요소들의 한계수치의 유도 및 설정에 활용하였고 이와 같은 방법으로 계획 및 설계에서 고려하여야 할 수치들을 도출시켰다.

본 연구는 다음과 같이 구성되었다.

먼저 제2장에서 경사지 테라스하우스의 발전과정 및 유형 및 개념을 살피고 정리하였다.

그 다음 제3장에서는 단위주호 기본평면의 공간계획 및 기본 평면유형을 다룬다. 이를 위하여 단위주호의 규모, 면적관계, 형태, 공간 그룹관계 및 평면의 조직관계를 살피고 각 문제분석에 활용할 기본평면유형을 설정하였다.

제4장에서는 앞의 제3장에서 설정된 기본 평면유형을 적층상황에서 검토하여 단위주호의 적층각도(積層角度), 테라스의 깊이, 단위주호에 이르는 접근로의 길이, 밀도관련 법규 등의 한계법위를 도출하도록 하였다.

이상에서 도출된 결과들을 제5장으로 종합하고 제6장에서 결론을 정리하였다.

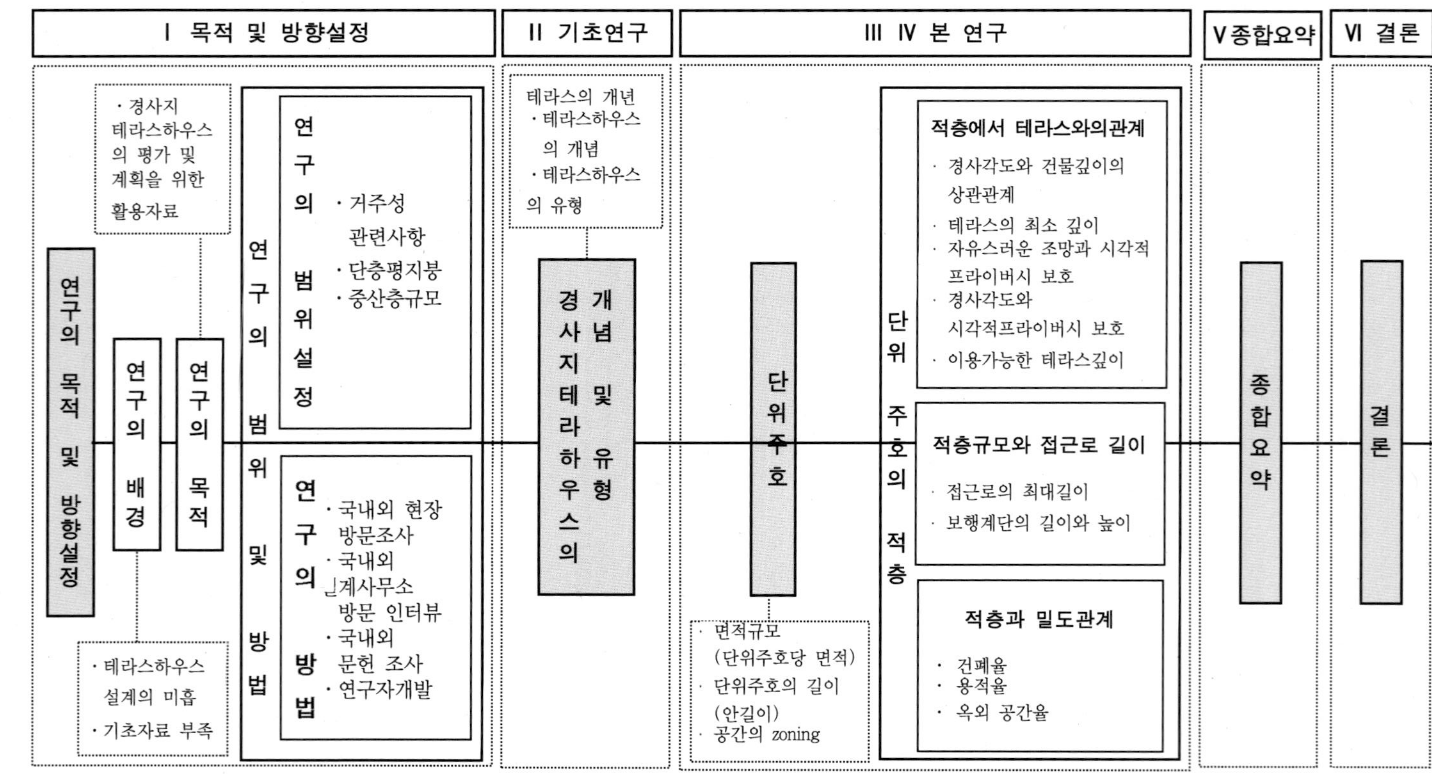
I 목적 및 방향설정
II 기초연구
III IV 본 연구
V 종합요약
VI 결론
연구의 목적 및 방향설정
· 경사지 테라스하우스의 평가 및 계획을 위한 활용자료
연구의 배경
연구의 목적
· 테라스하우스 설계의 미흡
· 기초자료 부족
연구의 범위설정
연구의 범위
· 거주성 관련사항
· 단층평지붕
· 중산층규모
연구의 방법
· 국내외 현장 방문조사
· 국내외 설계사무소 방문 인터뷰
· 국내외 문헌 조사
· 연구자개발
테라스의 개념
· 테라스하우스의 개념
· 테라스하우스의 유형
경사지테라하우스의 개념 및 유형
단위주호
· 면적규모 (단위주호당 면적)
· 단위주호의 길이 (안길이)
· 공간의 zoning
단위주호의 적층
적층에서 테라스와의관계
· 경사각도와 건물깊이의 상관관계
· 테라스의 최소 깊이
· 자유스러운 조망과 시각적 프라이버시 보호
· 경사각도와 시각적프라이버시 보호
· 이용가능한 테라스깊이
적층규모와 접근로 길이
· 접근로의 최대길이
· 보행계단의 길이와 높이
적층과 밀도관계
· 건폐율
· 용적율
· 옥외 공간율
종합요약
결론

1.3 용어 및 약어 정의

경사지(傾斜地):

건설교통부의 토지분류조사[4]에 의하면 10° 이상의 토지를 경사지라 분류하고 있지만 본 연구에서는 경사면의 특성을 고려하여 개발 가능한 대략 10°-45°를 경사지로 설정함.

단위주호(單位住戶):

경사를 따라 적층(積層)되며 테라스하우스 주거동(住居棟)을 이루는 각각의 세대를 말함.

주거동(住居棟) 조합유형:

테라스하우스 주거동이 경사지에 단지차원에서 밀집된 형태를 말하는 것으로 일렬종대형, 이열종대형, 다열종대형이 있음.

기본유형:

경사지 테라스하우스에서 통계적으로 가장 많이 쓰이는 단위주호의 평면유형을 추출한 것으로 이 연구의 문제분석을 위하여 선정된 것을 말함.

밀집 간격(密集間隔):

단위주호가 적층될 때 위아래 주호의 겹침 정도를 말하는 것으로 일반 아파트단지에서의 인동간격(隣棟間隔)과 유사한 개념이다. 그러나 테라스하우스는 단위주호가 경사를 따라 수평적으로 후퇴하며 연속적

---

4) 한국토지개발공사, 구릉지주거단지 개발, 1988, p.58.

으로 적층되어 개개 단위주호가 실제로 떨어져 있지 않으므로 순수한 의미의 인동간격이란 용어를 사용하기 어렵다. 또한 각 주호가 떨어져 있으면, 즉 인동간격이 0 이상이 되면 더 이상 테라스하우스에 속하지 않게 됨.

시선차단시설(視線遮斷施設):

추락방지를 겸하여 아래층 테라스에서의 활동을 엿볼 수 없도록 한 장치로 대개 화단과 유사한 형태가 되며 식재(植栽)도 가능하도록 한 시설을 말함.

접근로(接近路) 길이:

주구지선로(住區支線路)로부터 단위주호에 이르는 보행로(步行路)로서 경사지의 특성상 계단이나 램프를 포함한다. 에스컬레이터나 사행(斜行)엘리베이터의 유무에 따라 영향을 받음.

주구지선로(住區支線路):

도로체계에서 자동차로 접근할 수 있는 마지막 단계의 도로를 말한다.

최소 테라스깊이:

단위주호의 주방향에 대한 테라스깊이로서 시선차단시설을 포함한 테라스의 최소 깊이를 말함.

최소 유효테라스깊이:

테라스를 의미 있게 활용하는 데 필요한 최소한의 깊이로 시선차단시설이 차지하는 깊이를 제외한 부분을 뜻함.

유효테라스깊이:

테라스의 깊이에서 시선차단시설의 깊이를 제외한 테라스의 깊이를 뜻함.

적층각도(積層角度):

최소한 2개 이상의 단위주호가 적층하며 이루는 경사도(傾斜度)를 말한다. 이 각도는 테라스의 최소 깊이나 일조, 프라이버시 보호 등을 결정하는 중요 요소의 하나로 테라스하우스에서 중요한 의미를 지님.

2. 경사지 테라스하우스의 이론적 개관

2.1 테라스하우스

2.1.1 테라스하우스의 개념

테라스하우스란 어떤 주거를 나타내는가?

테라스하우스(terrace house)를 국내의 '건축용어사전'에서 살펴보면, "집합주택의 일종으로 각 단위주거가 수평방향으로 연결되어 있으나 각 호에서 직접 뜰로 나올 수 있게 된 집"[5]이라 정의하고 있다. 다른 한편으로 한국 내에서 테라스하우스는 일반적으로 경사지를 활용한 주거로 인식되고 있다[6]고 한 연구는 설명하고 있다. 이와 같은 정의와 인식이 정확한지 살펴보기로 한다.

테라스하우스를 언어적으로 살펴보면, 이는 테라스(terrace)와 하우스(house)가 서로 결합된 형태의 단어이다. 테라스(terrace)의 어원을 살펴보면, 어원사전에 의하면 테라스(terrace)라는 단어는 18세기 초에 불어에서 시작되었으며, 라틴어의 'terra'로부터 유래되었다. 이는 원래 성토를 의미하고 있다. 그리고 다른 한편으로 독일어 어원사전에서는 단이 진 경사지와 그리고 단이 진 형태로 축조된 대지라 하고 있으며, 영어사전에 의하면 "경사지 따위를 층층으로 깎은 단지(段地), 대지(垈地)"[7]라고 정의하고 있다. 건축용어집에서 테라스(terrace)는 "실내바닥과 지면

---

5) 김평탁, 건축용어사전, 기문당, 1998, p.310
6) 오승섭, 김용성, 경사지를 이용한 TERRACE HOUSE형 아파트 건축계획에 관한 연구, 대한건축학회 학술발표논문집 제20권 제2호, 2000년 10월, p.67.
7) 민영빈, 시사 엘리트 영한사전, 시사영어사, 1988, p.2254.

과의 높이를 조절하고 정원에 접하여 즐길 수 있는 장소로, 건축의 지대 (地帶)면처럼 근대건축에서 넓게 꾸민 지대(地帶)·기단(基壇)"8)이라고 풀이되어 있다. 이들의 정의에서 나타나듯이 테라스는 자연적인 지면을 깎은 단과 인공적으로 축조하여 만든 단을 모두 포함하고 있다.

다른 한편으로 선행연구에 사용한 건축적인 테라스하우스의 개념을 살펴보면 현택수는 테라스하우스를 "거실 전폭(全幅)이 면한 테라스를 갖는 주택 혹은 하부 住戶의 옥상정원을 갖고 중첩되는 주거유형"9)이 라 정의한다. J. W. Schönfeld는 테라스하우스를 보다 상세히 "아래층 단위 주호의 지붕이 위층 주택의 테라스 역할을 하고, 부분적으로 지붕 이 덮인 최소한 25㎡ 이상의 테라스가 있는 계단형태의 다세대집합주 택"10)이라고 정의하고 있다.

위의 정의에서 나타나듯이 테라스하우스는 하부 주호(住戶)의 옥상 이 상부 주호(住戶)의 테라스로 활용되는 계단형태의 집합주택을 의미 한다. 그러나 여기에는 테라스의 정의에서 나타난 경사지를 깎은 경우 와 평지에 쌓는 경우를 구분하지 않고 포괄적으로 정의하고 있다.

2.1.2 테라스의 유형

테라스하우스는 어원에서 나타나듯이 테라스와 밀접한 관계를 갖고 있다. 인류가 지구상에 건설한 여러 형태의 테라스를 살펴보면 우리는 크게 두 가지 형태로 대별되는 것을 볼 수 있다.

고대 바빌론 사람들은 하늘에 보다 가까이 접근하려는 노력으로 바벨

---

8) 김평탁, 건축용어사전, 기문당, 1998, p.310.
9) 현택수, 「경사지의 지형특성에 상응하는 저층집합주택의 기본유형에 관한 연구」, 고려대학교 박사논문, p.44, 1991.
10) J. W. Schönfeld, Gebäudelehre, Kohlhammer 2. Aufl., p.74, 1992.

탑의 건설을 시도하였다. 이를 브로위겔(Breughel)은 그림으로 표현하였고 여기에서 나타나듯이 바벨탑은 위로 향할수록 단이 진 테라스형 탑의 형태를 이루고 있다. 남미의 테오티후아칸(Teotihuacan)인들은 태양을 신성시하고 숭배하여 최상부(最上部)에 제사를 지내기 위한 테라스가 있는 층이 진 피라미드 형태를 평지에 건설하였다. 이와 같은 형태들은 고대 이집트의 단이 진 피라미드에서도 볼 수 있다. 고대 캄보디아에 존재하는 앙코르왕국의 사원은 평지에 기단을 형성하고, 그리고 사원 안의 탑(塔)건축에서는 단이 진 테라스형태로 축조되었다. 뿐만 아니라 우리의 전통건축에서도 일종의 테라스라 할 수 있는 기단을 형성하고 그 위에 건물을 건축하였다. 이처럼 평지에 단을 쌓아서 인공형 테라스를 건설하는 경우를 우리는 세계의 여러 문화에서 볼 수 있다.

그림 2 P. Breughel의 바벨탑 회화(1563년)

(출처: H. Wichmann, Archtektur der Vergaenglichkeit, Birkhaeuser, p.63)

다른 한편으로 인류는 지구상의 모든 자연을 보다 효과적으로 이용하기 위하여 부단히 노력하여왔다. 고대 중국에서는 산악지대에서 쌀을 생산하기 위하여 산등성이를 개간하여 단이 진 계단식 형태의 논을 건설하였다. 이탈리아의 가르다호수 주변에서는 레몬의 재배를 위하여 호수변 산등성이를 계단 형태의 테라스를 형성하여 하였다. 독일의 포츠담궁의 앞 정원의 경사지에 테라스를 형성하고 아열대 식물을 위한 온실을 만들어 조경적 요소로 활용하고 있다. 이처럼 우리는 자연의 경사진 지형을 활용하여 단이 진 테라스를 건설한 사례들을 동서양 어디에서나 볼 수 있다.

그림 3 테오티후아칸(Teotihuacan)의 피라미드

(출처: S. Behling, Sol Power, Prestel-Verlag, 1996, p.84)

그림 4 계단식 논, 중국

(출처: S. Behling, Sol Power, Prestel-Verlag, 1996, p.72)

2.1.3 테라스하우스의 유형

테라스하우스의 유형에 관한 국내외 연구를 살펴보면, 국내의 한 연구는 "테라스하우스(terrace house)는 층이 진 대지에 지은 저층 집합주택을 뜻하기도 하지만, 평지에서도 테라스가 달린 집합주택이 될 수 있다"[11]고 불확실하지만 경사지와 평지의 두개 유형의 존재를 기술하고 있다.

---

11) Ibid., p.20.

그림 5 테라스하우스의 유형

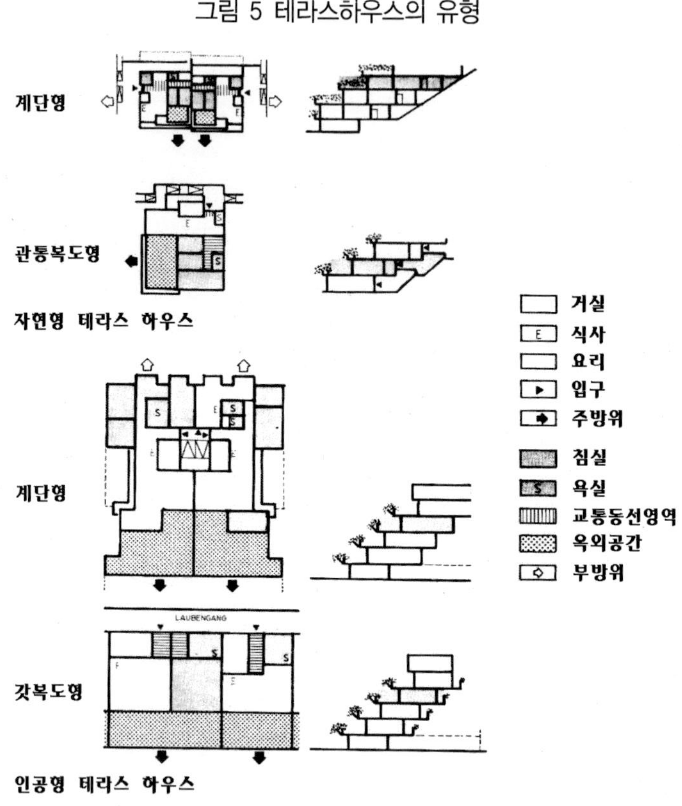

(출처: J. W. Schönfeld, Gebäudelehre, Kohlhammer 2. Aufl., 1992, p.75)

  국내의 다른 연구에서는 보다 구체적으로 테라스하우스의 유형을 자연형과 인공형으로 구분하고 있다. 그는 "자연형 테라스하우스는 경사지를 이용하여 지형에 따라 건물을 테라스형으로 축조하는 것으로서 경사지 수평연속형이며, 그리고 인공형 테라스하우스는 테라스형의 여러 가지 장점들을 이용하여 평지에 테라스형으로 건립하는 것"12)이라고 분류하고 정의하고 있다. 그러나 여기에서 자연형 테라스하우스는 테라스하우스의 개념에서 나타난 수직방향으로 적층(積層)되는 정의가 빠져있다.

---

12) 이광노, 송종석, 이정덕, 유희준, 윤도근, 『건축계획』, 문운당, pp.54-56, 1998.

그림 6 인공형 테라스하우스 사례(Berlin)

J.W. Schönfeld는 테라스하우스를 그림 5와 같이 인공형 테라스하우스와 자연형(경사지) 테라스하우스로 구분하고 있다. 그는 인공형 테라스하우스는 평지에서 인공적으로 테라스깊이만큼씩 세트백되면서 적층되는 경우이며, 자연형(경사지) 테라스하우스[13]는 경사지에 단위주호들이 적층되는 경우라고 하고 있다.[14]

이상에서 나타나듯이 테라스하우스는 인공형 테라스하우스와 경사지 테라스하우스로 구분된다.

---

13) 여기에서 자연형 테라스하우스는 이광노 외 4인의 개념과 혼돈될 수 있으므로 연구에서 이후에서는 경사지 테라스하우스라는 용어로 통합한다.
14) J. W. Schönfeld, Gebäudelehre, Kohlhammer 2. Aufl., 1992, pp.74-75.

그림 7 경사지 테라스하우스 사례(Umiken)

　　국내에 건설된 인공형 테라스하우스로는 평지에 인공적으로 테라스를 세트백시켜서 옥상정원을 형성한 대구의 가든 테라스하우스의 사례와 반포 한신아파트(1996)의 저층부(底層部)에서처럼 복합적으로 평지에 건설되면서 테라스를 형성하는 사례가 있다. 경사지 테라스하우스는 부산과 서울 등지에 여러 곳 건설되었으며, 그 대표적인 사례로 부산의 망미동에 건설된 주공아파트(1985)의 사례를 들 수 있다.

그림 8 부산 망미동 주공 아파트

그림 9 대구 가든 테라스

2.2 테라스하우스의 발전

2.2.1 자연발생적 테라스하우스

우리는 이와 같은 테라스가 주택과 연계되어 실제적으로 아래층의 지붕을 위층의 테라스로 사용하는 자연발생적 테라스하우스를 북아메리카 푸에블로(Pueblo) 인디언들의 점토주택(粘土住宅)에서처럼 평지에 건설된 경우와 그리고 이와는 다르게 지중해 연안과 이란의 산간지역에서는 경사진 지형을 따라서 건설된 경우를 볼 수 있다. 이들은 그곳의 자연 환경 속에서 적응하면서 발전되어 왔다. 따라서 우리는 오늘날의 테라스하우스가 어느 것으로부터 시작되었다고 확정적으로 이야기할 수 없으며, 인류의 문명과 오랜 경험의 축적에 의해서 이루어졌다고 할 수 있다.

그림 10 푸에블로 인디언의 점토주택

(출처: J. Schneider, Am Anfang die Erde, Mueler, 1985, p.13)

그림 11 이란 산간주택

(출처: H. Wichmann, Archtektur der Vergaenglichkeit, Birkhaeuser, p.89)

그림 12 지중해 연안주택

(출처: S. Behling, Sol Power, Prestel-Verlag, 1996, p.57)

2.2.2 근대건축에서 테라스하우스의 변천

지중해연안 경사지에 건설된 자연발생적인 테라스하우스는 근대에 들어서 기술의 발전과 당시의 시대정신과 부응하여 새로운 형태로 이 지역을 벗어나 점진적으로 유럽으로 확산되었다. 여기에서 평지붕의 사용을 가능하게 하는 철근콘크리트와 방수기술의 발전은 테라스하우스 확산의 중요한 역할을 하였다. 이는 근대건축에서 중요한 전환점으로 작용하게 되었다.

아돌프 로스는 1912년 처음으로 오스트리아 빈(Wien)에 전통적으로 건축되던 경사지붕의 주택이 아닌 새로운 발상으로 평지붕에 테라스가 있는 주택 일명 'Haus Scheu'를 시도하였으며, 그 이후 1923년 그는 많은 테라스하우스의 프로젝트를 계획하고 시도하였다.(그림 13, 14 참조)

그림 13 20세대의 빌라 프로젝트(1923년)

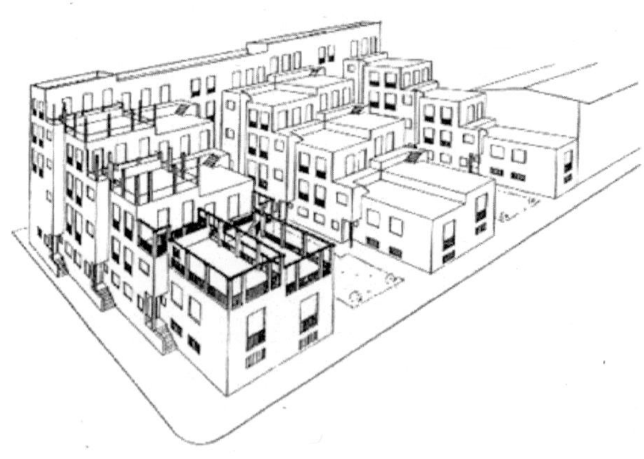

(출처: Faller, Peter, Der Wohnungsgrundriss, Deutsche
Verlags-Anstalt, 2. Aufl., 1997)

그림 14 아돌프 로스의 'Haus Scheu'(1912년)

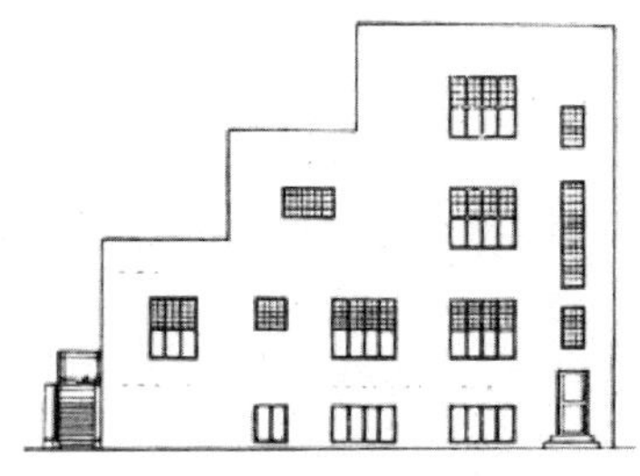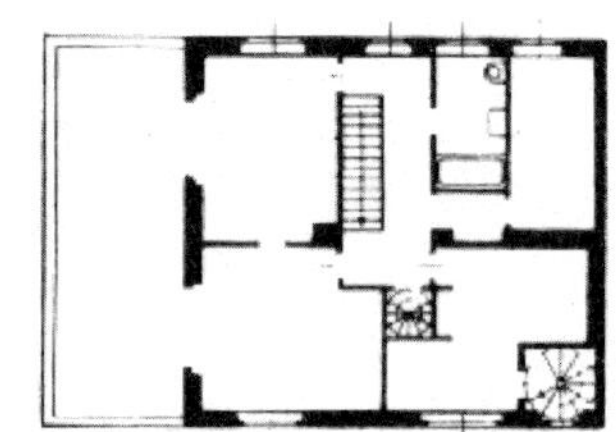

(출처: Faller, Peter & Schröder, Hermann, Terrasierte Bauten in der
Ebene, Beispiel Wohnhügel, 1972)

1914년 Sant Elia는 이태리의 전통적인 도시에 새로운 도시적인 테라스하우스의 건설을 위하여 "Citta Nuvoa"라는 프로젝트를 계획하였으나 이는 실행에 옮겨지지 않았다.(그림 15 참조)

Henri Sauvage는 Sant Elia의 테라스하우스계획과 비슷한 개념의 2개의 테라스하우스를 1차 세계대전 이후 계획하였으며, 그중 하나는 1926년 파리에 건설되었다. 이는 8층 건물로 각 층들은 약 1m씩 뒤로 세트백되면서 테라스를 형성하고 있다. 이와 같은 테라스의 형성으로 도로상부의 공간확장으로 도로변의 건물에 채광을 향상시키고 있다. 테라스의 깊이는 약 2m이며 이 중 반은 지붕으로 덮여 있으며, 테라스의 앞부분이 둥글게 위로 향함으로 아래층의 일조 및 채광을 향상시키려는 배려도 되어있다.(그림 16 참조)

그림 15 Citta Nuvoa(1914년)

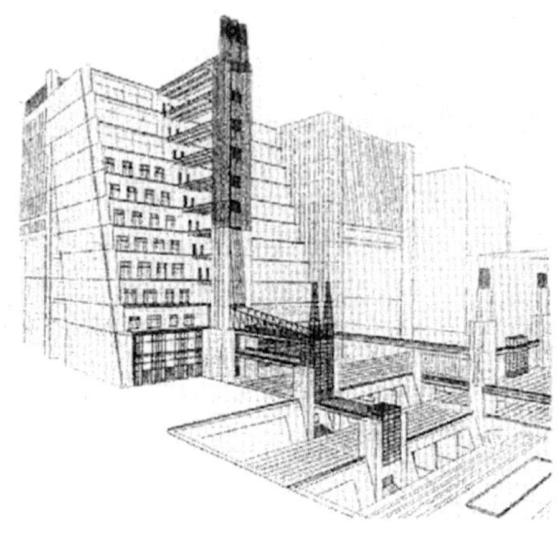

(출처: Döcker, Richard, der Terrassentyp,
Stuttugart 1929, p.85)

그림 16 Sauvage의 건물

(출처: Faller, Peter, Der Wohnungsgrundriss,
Deutsche Verlags-Anstalt, 2. Aufl,
1997)

르 코르뷰제는 1933년에서 1934년까지 알제리에 Durand 주거를 계획하였다. 이 주거의 저층부(底層部) 3개 층에는 단위주호를 위한 서비스 공간과 주차를 위한 차고를 배치하고 있다. 그리고 그 위에 배치되는 복층의 단위주호들은 세트백되어 계단 형태를 이루고 있다. 여기에서 이웃 세대와 연속되는 각 단위주호의 테라스들은 키 높이의 벽으로 서로 구분되어지고 테라스의 앞부분에는 식물을 가꿀 수 있는 화단을 설치하여 아래층에 있는 세대를 시각적으로 차단하여 개인의 프라이버시를 보호하고 있다. 이 계획은 실행되지 않았지만 이후 테라스하우스 건설에 많은 영향을 주게 된다.(그림 17 참조)

그림 17 Durand 주거, 알제리(1933/34년)

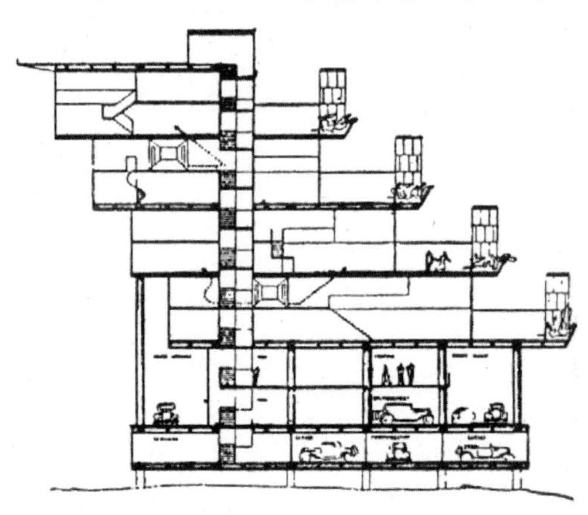

다른 한편으로 경사지 테라스하우스는 1919년 Richard Döcker에 의한 슈투트가르트시의 교외의 경사지에 테라스하우스의 건설을 위한 프로젝트에서 나타나고 있다. 그러나 이는 실행에 옮겨지지 않았다.(그림 18 참조)

그림 18 Richard D cker의 경사지 건설 프로젝트(1919년)

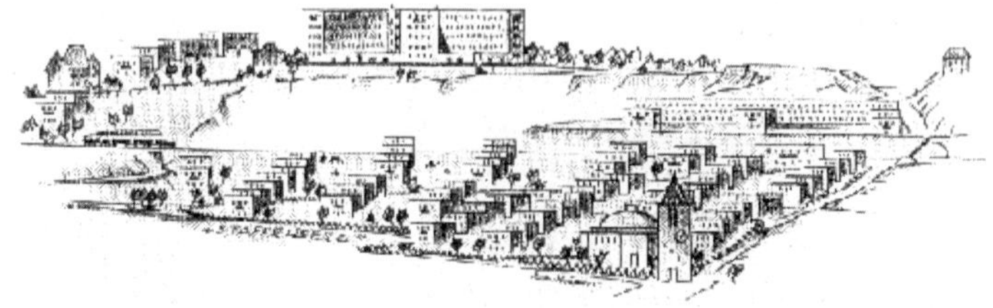

(출처: Döcker, Richard, der Terrassentyp, Stuttgart 1929, p.135)

이후 경사지 테라스하우스는 1938년 알바 알토에 의해서 핀란드의 Kattua에 단지가 처음으로 건설되었다. 이는 4개 동으로 구성되며, 각 동은 4세대로 이루어져 있다. 각 세대는 경사진 지형을 따라서 뒤로 후퇴되면서 테라스가 형성되어 옥외의 사적인 공간을 갖게 된다. 테라스의 후반부에는 시선 차단과 공간의 구분을 위한 파고라가 설치되어 있다.(그림 19 참조)

그림 19 알토의 테라스하우스

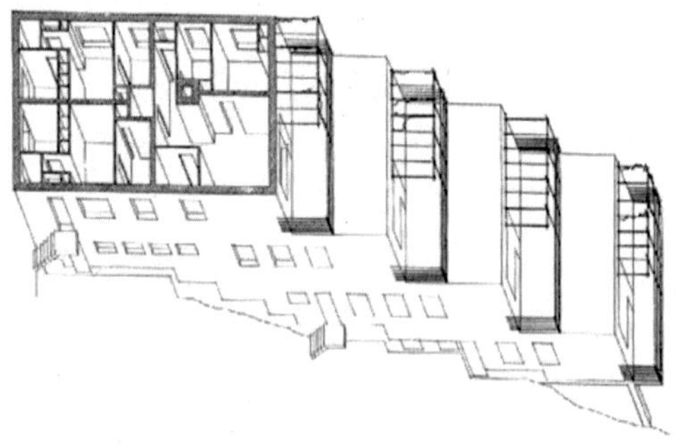

알바 알토의 Kattua 주거단지 이후 스칸디나비아반도에서 테라스하우스의 건설이 없다가 1957년에 오슬로 근교에 경사지 테라스하우스가 건설되었다. 이는 오슬로 근교의 울러나센(Ullernaasen)에 약 40°의 급

경사지에 건축가 Friis 부부에 의해서 설계되고 건설되었다. 테라스하우스는 9m의 건물깊이에 약 3m의 테라스깊이로 이루어 졌으며 건물의 측면으로부터도 채광이 가능하고 노천 계단으로 접속되고 있다.(그림 20 참조)

그림 20 테라스하우스. 울러나센(1957)

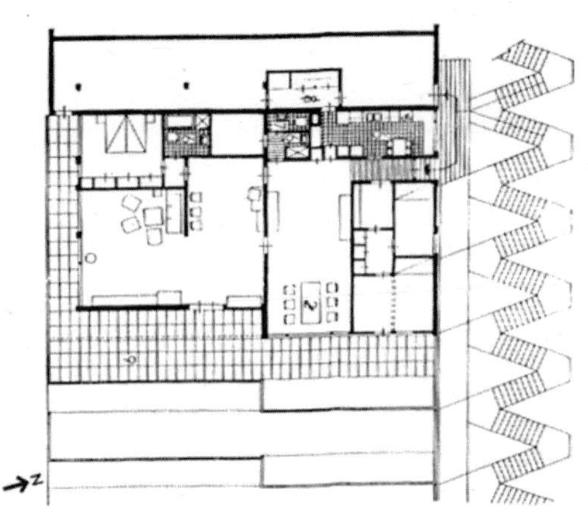

스투키(Stucki)와 모위리(Meuli)는 1957-1960년 스위스의 쭉(Zug)시의 도심에 위치하는 북서향의 급경사지에 5개 층으로 이루어진 매우 외향적인 5개 동의 테라스하우스를 건설하였다. 각 주호는 외부의 노천 계단에 의해서 접속되고 있다. 이는 스위스에서 테라스하우스건설의 시발점이 되고 있으며 이후 많은 수의 경사지 테라스하우스가 건설되고 있다.(그림 21 참조)

그림 21 Zug의 테라스하우스(1957-60년), 스위스

2.3 경사지 테라스하우스

2.3.1 경사지 주택의 분류

경사지에 건설되는 주택은 다음 표 1에서처럼 여러 유형으로 분류되고 있다. 여기에는 경사지주택이 전체적으로 명확히 구분되지 않고 있으므로, 예를 들면 표 1의 1을 경우를 살펴보면, 힐사이드 하우스(hillside house), 힐사이드 테라스(hillside terrace), 도로접근의 연립주택, 사면 테라스하우스 등등으로 분류자에 따라서 명명되고 있다.

경사지 테라스하우스를 살펴보면 이는 표에서 나타나듯이 Hoftman, 대한주택공사, 北原理雄 사이에 서로 다르게 정의되고 있다. 이들의 분류체계에 따르면 경사지주택을 모두 경사지 테라스하우스라 할 수 있다. 그러나 여기에는 테라스하우스와 연립주택 등이 서로 개념적으로 혼재되어 있음이 나타나고 있다.

표 1 경사지주택의 유형분류에 관한 비교

	집합형태	Hoftman	Abbott & Pollit	대한주택공사	北原理雄	Simpson & Purdy
1		hillside house	hillside terrace	도로 접근의 연립주택	斜面 테라스하우스	cut and fill
2		hillside house	hillside terrace	도로 접근의 테라스 주택	重層段狀形式	amended section 또는 split level
3		terrace house	stepped hill housing	계단 접근의 연립주택	非重層 段狀形式	amended setion
4		terrace house	stepped hill housing	계단 접근의 테라스 주택	重層段狀形式	cascade
5		terrace house	deck project	집단 테라스 주택	데크형식	houses on posts
6		terrace house	diagonal section	—	斷面斜狀形式	cascade
7			cluster concept		斜面 클러스터	

(출처: 현택수, 경사지의 지형특성에 상응하는 저층집합주택의 기본유형에 관한 연구, 1991, p.44)

 따라서 본 연구는 경사지 테라스하우스의 개념정의를 위하여 경사지에 건설되는 경사지주택을 밀집 간격(密集間隔)[15]에 의하여 다음의 표 2에서처럼 D>0일 경우, D=0일 경우, 그리고 D<0일 경우로 구분하여 분류하고 이를 바탕으로 연구를 진행시켜 나간다.

표 2 경사지에서 단위주호 사이의 전·후 인동간격에 의한 구분

분 류	단면 개념도
a. D>0일 경우	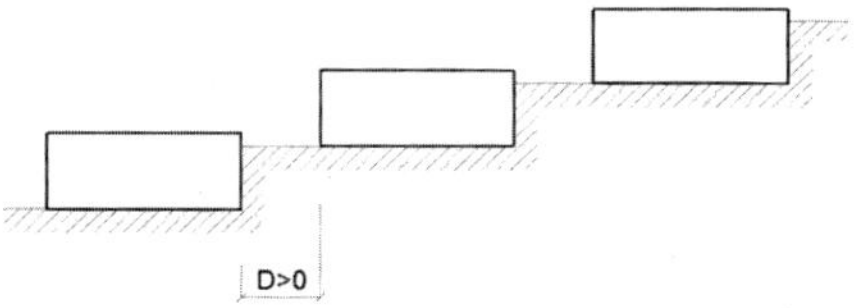 D>0
b. D=0일 경우	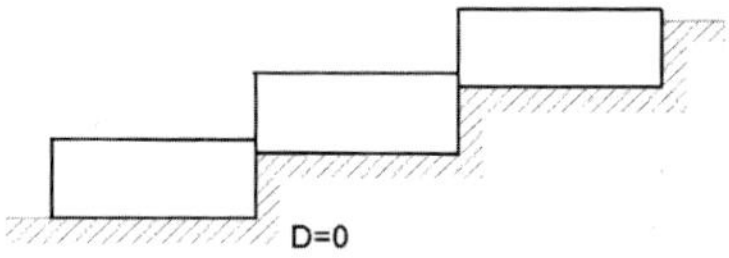 D=0
c. D<0일 경우	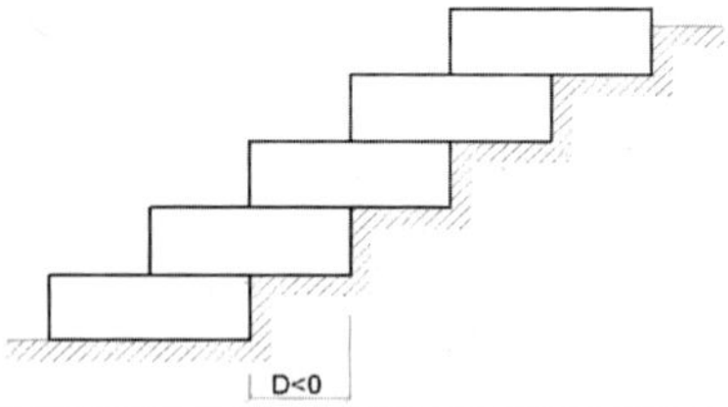 D<0

---

15) 단위주호 사이의 전·후 인동간격을 나타낸다. 그러나 테라스하우스의 경우에는 적층이 되면서 겹치게 된다. 일반적인 건물사이의 간격을 인동간격으로 나타내므로 용어상의 혼돈을 피하기 위해서 밀집 간격으로 표현하기로 한다.

(1) 인동간격이 0보다 큰 경우

단위주호사이에 인동간격이 0 이상으로 단이 진 대지에 테라스나 정원이 있는 단독주택이나 개별적으로 정원을 갖고 수평적으로 병렬되는 연립주택 혹은 공동의 옥외 공간을 함께 이용하는 공동주택의 경우로 여기에는 표 1의 1, 5, 그리고 7이 속한다. 다음 표 3의 사례단지는 6세대가 2세대씩 연립하여 1개 동을 이루고 있으며 3개의 동은 단이 진 지형에 연차적으로 배열되어 있다.

표 3 D)0일 경우 사례(Brugg, 스위스)

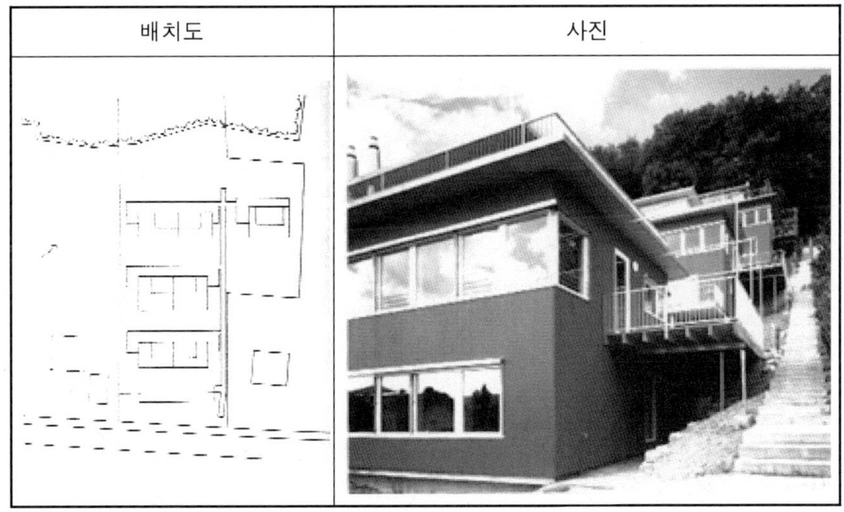

배치도	사진

(2) 인동간격이 0인 경우

단위주호사이에 인동간격이 0(D=0, y는 0에서 40cm)인 경우로 아래층의 단위주호의 지붕이 위층의 테라스로 이용이 가능하고, 공동집합주택의 발코니처럼 테라스의 소유관계가 법률적으로 명확히 규정되어질 수 있다.16)

표 4 D=0일 경우 사례(Korntal-M nchingen, 독일)

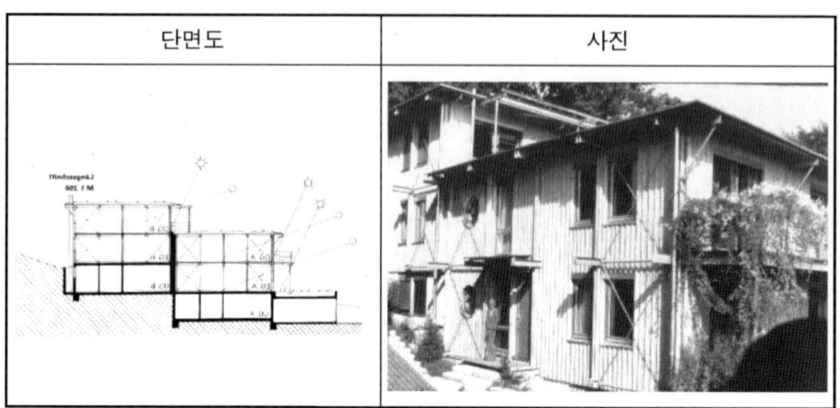

단면도	사진

단위주호는 개별적으로 건설될 수 있으므로, 조립완성 기술적, 재정적, 그리고 법률적으로 장점을 갖게 되며, 앞 건물의 옥상을 뒤 건물이 테라스로 이용하려면 서로의 계약에 의해서 가능하다. 여기에서 단위주호와는 별도로 분리된 시설은 단독주택에서처럼 개별적 대지에 설치될 수 있다. 그러나 앞 건물의 옥상을 테라스로 사용할 수 있으나 이는 "지붕의 수직적 겹침으로 아래층의 지붕을 위층에서 활동 가능한" 개념에는 부합된다. 이는 표 1의 3이 여기에 속한다. 표 4의 사례 건물은 2층으로 계획된 복층형 단위주호가 서로 접하여 건축되고 지형의 위쪽에 위치한 세대는 아래쪽 세대의 옥상을 테라스로 활용하는 경우이다.

(3) 인동간격이 0보다 작은 경우

인동간격이 0 이하로 이는 단위주호들이 서로 부분적으로 겹치면서 층별로 뒤로 일정한 크기씩 물러나면서 형성한 건물을 말한다. 이는 건물의 구조적인 중복 이외에도 아래층의 지붕이 위층의 정원으로 사용

---

16) D: 인동간격,
   y: 앞 건물의 옥상 면과 뒷 건물의 바닥 면의 높이 차이.

되는 이용의 중복이 함께 한다. 여기에서 층의 정렬형태는 이용의 중복과 연관된다.

이러한 구조적 적층이 어느 한도를 넘는다면, 각각의 단위주호군을 주거부지 안에 정렬하는 데 문제가 발생한다. 왜냐하면 진행되는 경사면의 경사도가 상승하면, 부지의 깊이는 적어지고 그래서 단위주호는 사실상 이용가능한 대지로 정렬시킬 수 없게 된다. 이는 표 1의 2, 4, 그리고 6이 여기에 속한다.

표 5 D<0일 경우 사례(Umiken, 스위스)

단면도	사진

2.3.2 경사지 테라스하우스의 개념

경사지형 테라스하우스에 관한 정의를 살펴보면, J. W. Schönfeld는 경사지 테라스하우스를 경사지에 단위주호들이 적층되는 경우[17]라고 하고 있다. Karlheinz Benkert는 이보다 구체적으로 그의 저서 '경사지 테라스하우스'에서 "경사지 테라스하우스는 각 층마다 건물이 경사지의 경사를 따라 계단식으로 이루어지고 주거를 목적으로 하여야 하며, 그

---

17) J. W. Schönfeld, Gebäudelehre, Kohlhammer 2. Aufl., 1992, pp.74-75.

50

리고 각 층마다 ①토양부(土壤部) 바닥, ②테라스, ③바닥, ④기초, 그리고 ⑤경사면 벽이 반복되어야 한다. 이 요소를 충족시키지 않는 것은 진정한 의미의 경사지형 테라스하우스가 아니다."[18] 라고 정의하고 있다.(그림 22 참조)

그림 22 자연(경사지)형 테라스하우스의 개념도

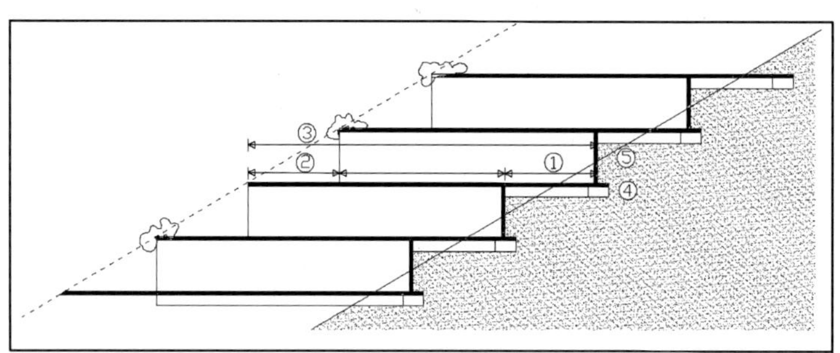

(출처: K. Benkert, Terrassenhäuser am Hang, Deutsche Verlags-Anstalt
Stuttgart, 1982, p.13)

이상의 J. W. Schönfeld와 Karlheinz Benkert의 정의에 나타나듯이 경사지형 테라스하우스는 단위주호가 경사지의 경사를 따라 수직적으로 적층되는 동일 구조체로서 용도의 중복과 주거를 목적으로 하여야 한다. 본 연구에서 경사지 테라스하우스는 지붕의 수직적 겹침으로 아래층의 지붕을 위층에서 활동 가능하고 식물을 가꿀 수 있는 최소 깊이 이상의 테라스가 있는 계단형태의 집합주거건물로서 단위주호의 인동간격이 D<0인 경우를 경사지형 테라스하우스의 범위로 한정한다. 표 2의 c가 이에 해당한다.

---

18) K. Benkert, Terrassenhäuser am Hang, Deutsche Verlags-Anstalt Stuttgart, 1982, p.13.

2.4 경사지 테라스하우스의 유형

2.4.1 접속방식에 따른 유형

각 주호는 계단, 수평보행로(水平步行路), 그리고 기계적 보조수단으로 엘리베이터, 에스컬레이터 등과 같은 요소들로 이루어진 접근로(接近路)로부터 접속된다. 접근로는 기본적으로 표 6과 같이 '세로통로접속방식'과 '가로통로접속방식'으로 구분[19]된다. 이들 방식은 설계의도와 기능에 따라 부분적으로 혼용될 수 있으며, 그리고 1개소 또는 여러 개소의 엘리베이터와 같은 기계적 보조수단에 의해서 보완될 수 있다.

표 6 접근로와 각 주호의 접속방식

유형	세로통로접속방식	가로통로접속방식
개 념 도		

(출처: 공동주택연구회, 도시집합주택의 계획 11+44, 도서출판 발언, 1997, p.144)

---

19) 공동주택연구회, 도시집합주택의 계획 11+44, 도서출판 발언, 1997, p.144.

(1) 세로통로접속방식

세로통로접속방식은 그림 23의 사례에서처럼 계단 보행로에서 직접
단위주호의 측면으로 접속되는 방식이다.

(2) 가로통로접속방식

가로통로접속방식은 그림 23의 사례에서처럼 주호들의 배면에 위치
한 보행통로를 통하여 주호가 접속되는 방식이다.

그림 23 사례(Umiken, 스위스)

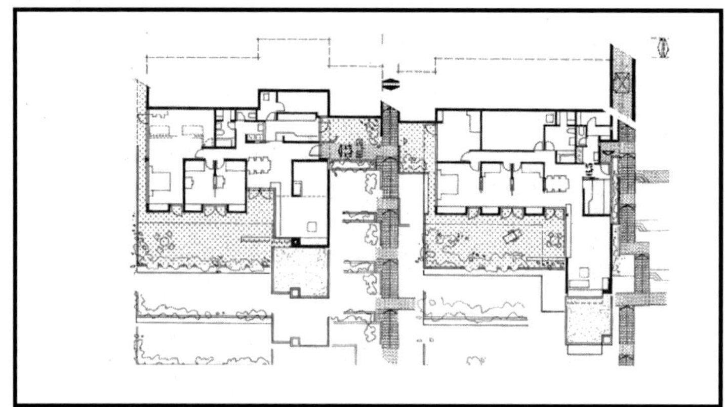

그림 24 사례(Mödling, 오스트리아)

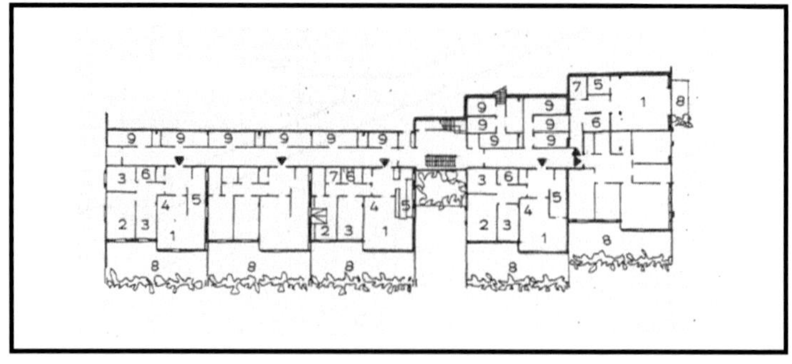

2.4.2 단위주호의 조합배열에 따른 유형

경사지 테라스하우스는 기본적으로 일렬종대형을 바탕으로 가로방향으로 열을 더하여 확장을 이루게 되며, 이에 따라서 단위주호의 평면과 접속방식은 영향을 받게 된다. 열의 수에 따라서 '일렬종대형', '이열종대형', 그리고 3열 이상인 '다열종대형'으로 구분이 가능하다.

표 7 경사지 테라스하우스 단위주호 조합유형

유형	일렬종대형	이열종대형	다열종대형
배치유형도			

2.4.2 테라스하우스의 유형별 특징

테라스하우스는 주거동의 수평적 열의 확장에 따라 구분된 일렬종대형, 이열종대형, 그리고 다열종대형의 유형과 접근로에서 주호에 진입하는 세로통로접속방식과 가로통로접속방식을 결합하면 이론상 두 방식 모두 각 유형에 가능하지만 실제적으로 각 유형의 접속방식(표 8 참조)은 다음과 같이 분류가 가능하다.

(1) 일렬종대형

주거동이 경사면에 대하여 세로 방향으로 1개의 열을 형성하는 경우이며, 각 주호는 전면과 양 옆 방향으로부터 채광과 조망이 가능한 이점이 있으나 접근로의 비중이 높아지고 상대적으로 많은 주호를 수용할 수 없는 것이 단점이다.

계단과 같은 세로접근로에서 직접 주호의 측면에 접속되는 '세로통로접속방식'이 일반적이다. 주호배면(住戶背面)에서 이루어지는 '가로통로접속방식'도 불가능한 것은 아니나 공간손실을 가져오므로 실제적으로 거의 사용되지 않는다.

(2) 이열종대형

주거동 두 열이 가로방향으로 연립하여 형성되는 경우로, 각 주호는 전면(前面)과 한쪽 측면으로부터 채광과 조망이 가능하다. 일렬종대형에서와 유사하게 주거동의 양쪽 측면의 접근로(주로 계단)에서 직접 주호에 진입되는 '세로통로접속방식'을 취하게 되며, 경우에 따라서는 어느 한 측면에만 접근로를 두고 두 열 모두가 사용하게 할 수도 있다. 이 경우 배면에 통로를 두고 배면에서 주호에 진입하는 '가로통로접속방식'을 택하면 테라스하우스의 문제점의 하나인 환기 및 통풍에 유리한 입장이 된다. 한 측면에 계단과 함께 사행 엘리베이터를 설치하면 좋은 보완관계가 될 수 있다.

표 8 경사지 테라스하우스의 유형 및 진입방식

<table>
<tr><th colspan="2" rowspan="2">유형</th><th colspan="3">배열방법</th><th rowspan="2">주거동의 단면형태</th></tr>
<tr><th>1 열 종 대 형</th><th>2 열 종 대 형</th><th>다 열 종 대 형</th></tr>
<tr><td rowspan="2">진입방식</td><td>세로통로진입방식</td><td>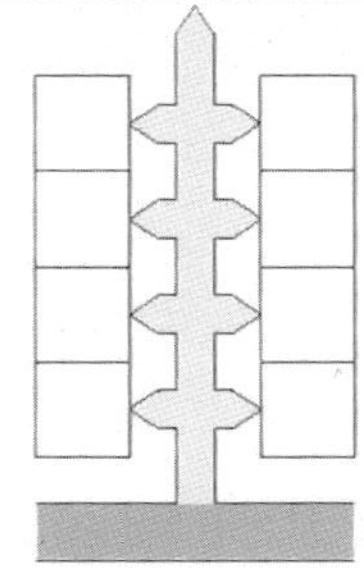</td><td>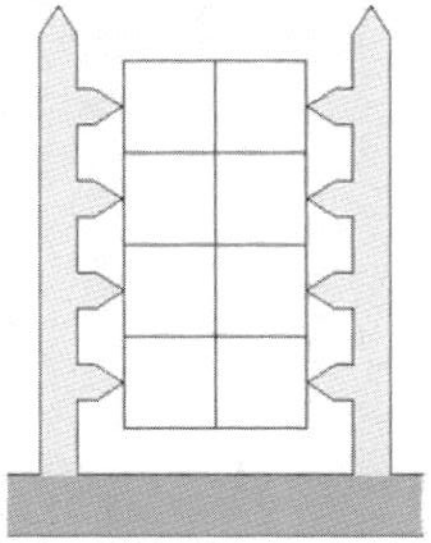</td><td></td><td>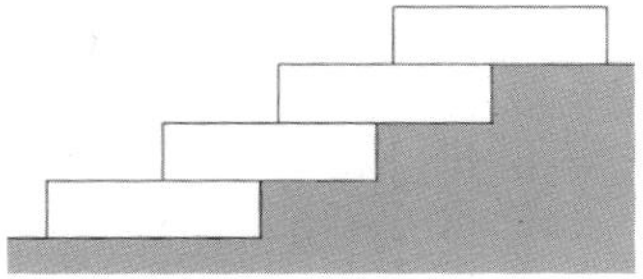</td></tr>
<tr><td>가로통로진입방식</td><td></td><td>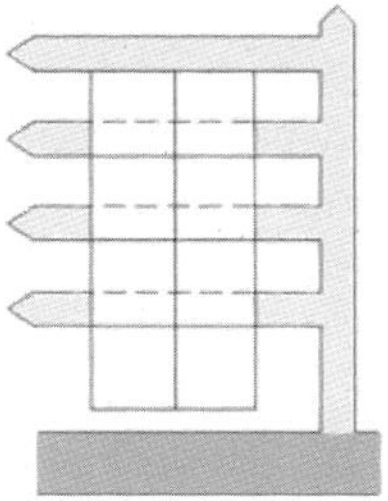</td><td>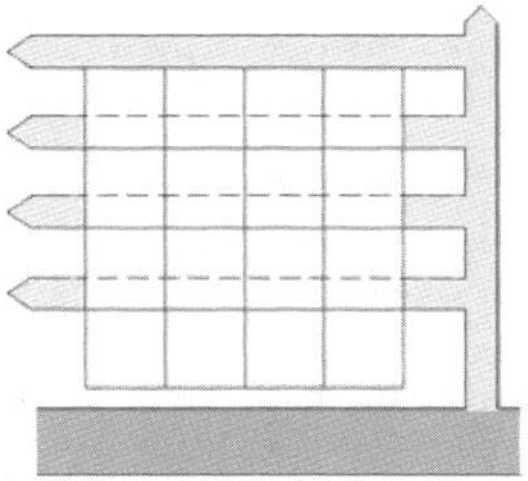</td><td>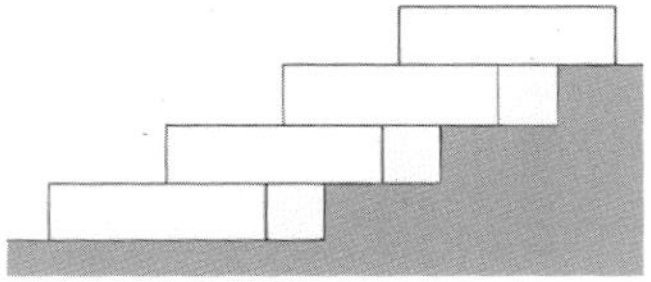</td></tr>
</table>

(3) 다열종대형

　주동이 세로 방향으로 3열 이상으로 형성될 경우로서 주호의 밀도를 높일 수 있는 것이 이 형식의 가장 큰 장점이 되고 있다. 열의 양옆을 제외한 안쪽에 위치한 주호들은 전면(前面)의 한 방향으로부터만 채광과 조망이 가능하다. 열의 양옆에 위치한 주호들은 계단과 같은 세로접근로에서 진입이 가능하지만 안쪽에 위치한 주호들은 불가피하게 배면에 위치한 관통형 통로에 의한 '가로통로접속방식'만이 가능하다. 이 주호배면(住戶背面)의 통로를 이용하여 주호열(住戶列)의 가로방향 확장이 가능하고 대개 배면통로의 양쪽은 열려 있으나 한쪽이 막혀있는 막다른 통로가 될 경우에는 화재 시 옥외로의 탈출을 고려하여 통로의 길이는 30m 이내가 적정할 것으로 본다. 이 다열종대형에서는 이열종대형보다 통로의 환기나 통풍이 불리하므로 통로의 양쪽 진입형이 일반적이다. 이 배면통로를 이용하면 단지가 이론상 무한대로 확장될 수 있으나 차량접근이 허용되는 주구지선로(住區支線路)로부터 주호에 이르는 접근로의 길이가 너무 커지게 되므로 거주자에게는 불편해 진다. 그러므로 주구지선로(住區支線路)로부터 개개 주호까지의 접근로의 길이는 일정범위를 넘어서는 안 되며, 그렇기 때문에 이를 통제할 수 있는 기준이 마련될 필요가 있다. 양옆에 계단보행로를 배치하고 사행 엘리베이터가 병행 설치되면 가로통로진입방식은 효과적으로 이용이 가능할 것이다.

2.5 국내 건설사례 및 특성

2.5.1 부산 초량동 경희 아파트

그림 25 경희 아파트 배치도 및 측면도

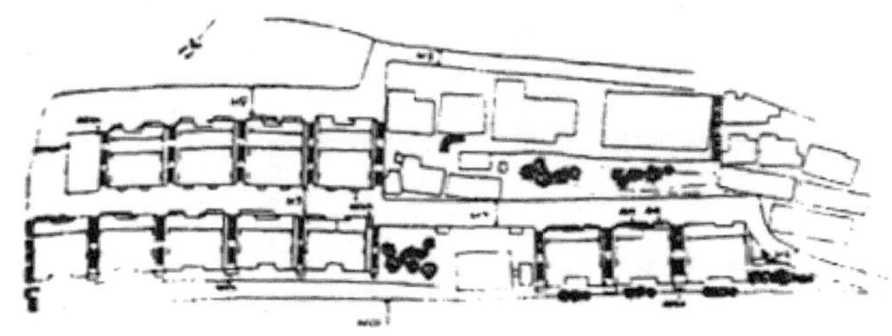

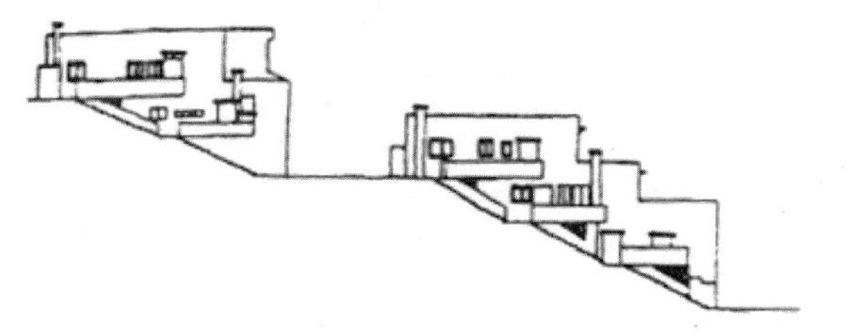

　단지는 1978년에 완공되었으며, 4120평 부지에 철근 콘크리트구조 28평형 22세대로 이루어져 있으며, 아래·위로 10m폭의 산복도로를 끼고 남향한 대지로 진입이 용이하며 접근성에 있어 유리한 조건을 갖추고 있다. 또한 단지는 내부에 등고선 방향으로 내부도로를 둠으로써 도로로부터 주호에 이르는 접근로(接近路)의 길이를 짧게 하고 있다.

　각 세대는 구조적으로 세대 간 차음에 대한 설계의 고려가 되어 있지 않으므로 이웃 간의 소음문제를 갖고 있으며, 그리고 시설들은 노후화되어 있다. 접근로를 가운데 두고 지근거리(至近距離)에서 마주보게 계획되어 있는 출입구 방향에 의한 시선침해(視線侵害)와 위층으로부터의 시선차단시설(視線遮斷施設)이 충분하지 못하는 문제점을 안고 있다.

그림 26 경희 아파트 평면도

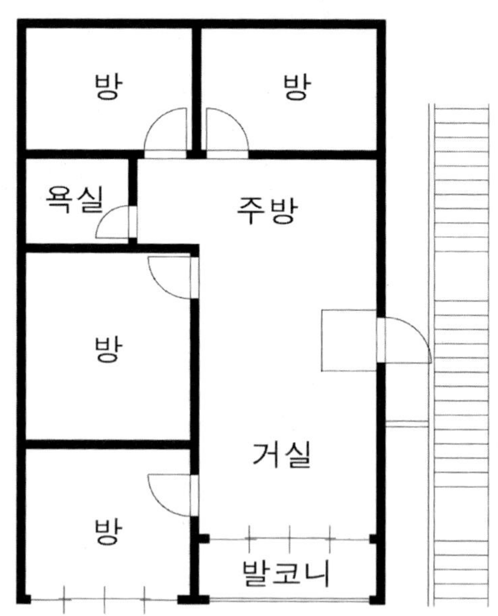

2.5.2 부산 수정동 국일 주택

단지는 산복도로 위에 위치하고 있으며, 20평 미만의 작은 평의 단위주호는 이열종대형의 5개 동으로 배치되어 있다. 단지의 설계에서 주차에 대한 고려가 되어 있지 않는 관계로 거주자들은 주차장의 미확보로 주차의 어려움을 갖고 있다. 따라서 자가 승용차가 없는 세대가 많다. 또한 평면상 뒷벽에 창문이 없어 뒤쪽에 위치한 방과 부엌이 채광과 환기의 문제점, 위층 테라스에서 울리는 진동과 소음으로 인한 문제, 그리고 위층으로부터의 시선침해의 문제를 안고 있다. 앞으로 향하는 조망은 뛰어나다.

표 9 국일 주택

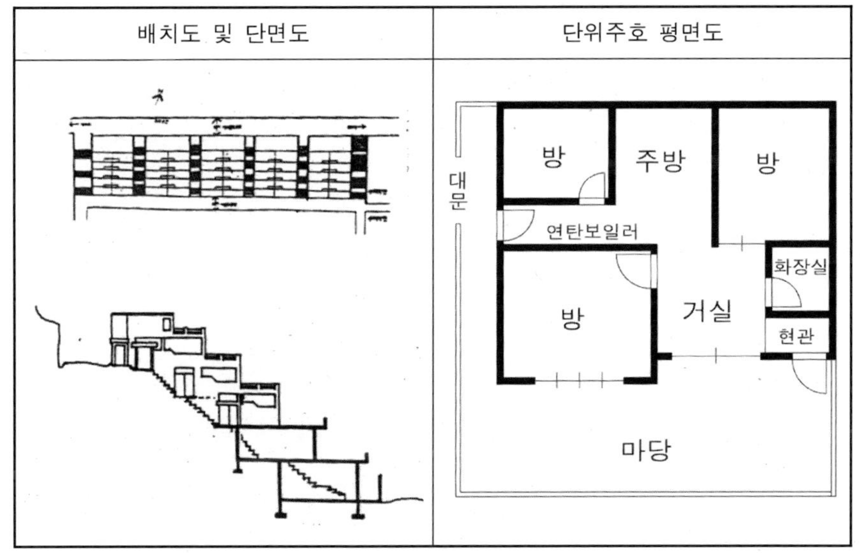

2.5.3 부산 망미동 주공 테라스하우스

단지는 1985년 주택공사에 의해서 고층아파트와 지형에 따라 일부분에 테라스하우스로 건설되었다. 테라스하우스는 남동향의 경사지에 35평형으로 40세대가 4동의 이열종대형으로 구성되어 있다. 상하 차량도로에 의한 진입이 용이하고 비교적 완만한 계단접근로(階段接近路)로 접근성이 양호하다. 거주자는 상부에 위치한 도로변과 아파트동의 아래에 설치된 피로티에, 그리고 하부도로에 위치한 도로변의 주차장에 충분한 주차 공간을 확보하고 있다. 주거 자체의 경관과 주거에서 바라보는 조망은 양호하며 단위 공간과 옥외 공간도 다양하게 구성되어 있다. 그러나 생활상 필요에 따라 다용도실을 외기에 접할 수 있도록 이동설치 하거나 방이 작아 남 측면의 두 방을 합쳐 큰방으로 사용하는 등 실내 공간을 변경한 세대가 대부분이다. 기존의 평면에 중정(中庭)이 있기는 하나 평면이 남북방향으로 길어 평면상 안방이 너무 뒤에 위치하고 있고, 뒤편으로 창문이 없어 방과 부엌이 어둡고 환기가 잘 안 되는 문제점을 안고 있다.

그림 27 부산 망미 주공 테라스하우스 단지

테라스하우스의 주위에 고층의 아파트가 위치하여 이들로부터 시각적 침해를 받고 있으며, 또한 위층으로부터 충분하지 않은 시선차단시설로 시선차단용 칸막이를 집집마다 하고 있어 외부로부터 폐쇄적으로 보이게 하고 있다.

표 10 부산 망미 주공 테라스하우스 단지

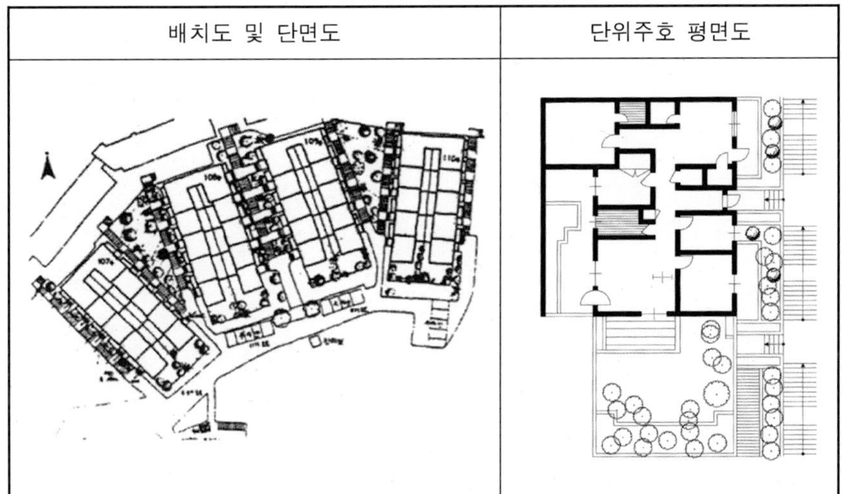

배치도 및 단면도	단위주호 평면도

2.5.4 서울 반포동 강남원 빌라

단지는 정동향의 굴곡이 심한 경사지에 연립주택과 6개 동의 복합적 테라스하우스로 이루어져 있으며, 외부인의 단지 출입이 엄격히 통제되고 있다. 테라스하우스는 50평 이상의 규모로 중산층 이상이 거주하고 있다. 건축구조는 철근콘크리트 라멘조로 이루어져 있다. 주동은 상·하부의 주구지선로에 의해서 접속되며, 주호의 진입방식은 세로통로방식을 취하고, 단위주호는 단층형 혹은 부분적으로 복층형으로 구성되어 있다. 테라스하우스의 하부층에 있는 차고와 도로변에 있는 주차장으로 충분한 주차 공간이 확보되고 있다. 좋은 조망과 일조를 확보하고 있으나 위층의 이웃으로부터 충분하지 못한 시선차단시설로 테라스의 활동이 제약을 받고 있다.

그림 28 강남원 빌라

표 11 강남원 빌라

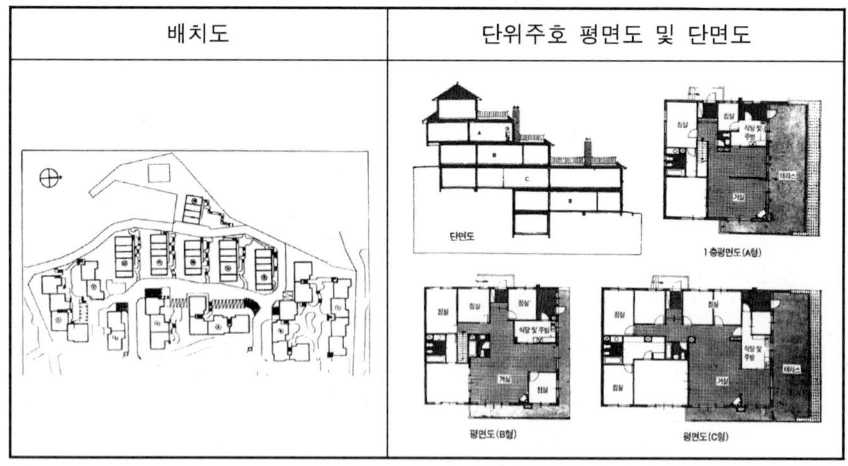

2.5.5 서울 이태원동 삼호 빌라

그림 29 삼호빌라

테라스하우스는 남동향의 경사지에 위치하며, 60평형 이상의 17세대로 이들은 상이한 평면과 다른 평면유형을 구성하여 거주자의 성향에 따른 선택의 기회를 제공하고 있다. 각 세대는 한 층만이 아닌 대지의 조건에 따라서 2층 혹은 3층의 복층형으로 이루어져 있다. 단지는 건폐율 38%, 용적률 119%를 이루고 있으며, 주호들은 세로통로진입방식으로 접속되며, 건물의 중심부에 지하주차장(117평)을 두어 각 세대마다의 거리에 따른 불편함을 최소화시키고 있다. 좋은 전망과 일조를 확보하고 있다. 건축구조는 철근콘크리크 라멘조로 구성되어 있으며, 위층의 테라스에서 시선차단시설로 사용되는 화단으로부터 발생하는 누수현상은 복잡한 단위주호의 구성으로 거주자에게 이의 해결에 많은 어려움을 주고 있다.

표 12 삼호빌라

배치도 및 단면도	단위주호 평면도

2.5.6 서울 홍제동 공익 빌라

그림 30 공익 빌라

단지는 45°의 동경사지에 53세대가 3개의 동에 3개의 평면유형(26평형, 35평형 46평형)으로 구성되어 있다. 대지면적 2807㎡, 건축면적 1117㎡, 연면적 4955㎡로 이루어져 있으며, 건폐율 39.81%, 용적률 145.95%이다. 주거동은 11개 층으로 일렬종대형과 이열종대형으로 이루어져 있으며, 주호의 진입방식은 세로통로형식을 취하고 있다. 주 진입로는 단지의 하부로부터 접속되며 추가적으로 위쪽에 6m의 도로에 접해 있기 때문에 위층에 거주하는 사람들이 겪는 계단 오르기의 불편함을 줄여주고 있으나 사행 엘리베이터의 미설치로 많은 어려움을 겪고 있다. 1개 동은 하층부 전면에 부대시설의 설치로 이주를 위한 차량의 진입이 어려워 계단을 이용해야 하는 불편함이 있다. 주거동의 하층부에 차고가 있으나 전체를 수용하기에는 너무 부족하여 주민들로부터 불만요소의 하나이다. 1989년 건설되었으며, 건설 초기에는 주변보다 고소득층이 입주해 있었으나 노후화, 주차장의 부족, 그리고 진입의 어려움으로 주변보다 저가가 되었다. 평면상 주방과 식당에 비해 거실이 비좁으며, 주방에 자연환기가 고려되어 있지 않으므로 환기의 문제를 안고 있다.

표 13 공익 빌라

배치도 및 단면도	단위주호 평면도

2.5.7 용인 영덕 주공 테라스하우스

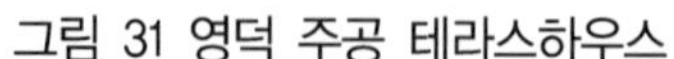

그림 31 영덕 주공 테라스하우스

　　단지는 중저층의 아파트와 일부는 부분적으로 경사지에 테라스하우스와 연결된 일반형 아파트로 구성되어 있다. 테라스하우스는 상·하부에 주구지선로로 연결되며, 각 주호는 이열종대형으로 연립되면서 세로통로접속방식으로 접속된다. 테라스하우스는 전면에 밀도를 높이기 위한 아파트의 배치로 조망이 차단되고 이들로부터 시각적 프라이버시의 침해(侵害)와, 테라스하우스와 수직적으로 연결되어 건축된 저층(底層)

의 아파트로부터 시각적 프라이버시의 침해, 그리고 충분하지 못한 시
선차단시설로 위층의 이웃으로부터 시각적 프라이버시의 침해를 받고
있다. 이와 같은 주변 상황으로 대부분의 테라스가 개조되어 내부 공간
화 하고 있다.

표 14 영덕 주공 테라스하우스

배치도 및 단면도	단위주호 평면도

2.5.8 부산 당감동 주공 테라스하우스

단지는 2000년에 건설되었으며, 경사지에 고층아파트와 부분적으로
경사지 테라스하우스로 구성되어 있다. 경사지 테라스하우스는 상부가
중심 가로에 접속된 경우와 하부가 중심 가로에 접속된 경우로 구성되
어 있다. 주호는 세로통로접속방식에 의해서 접속되고 있다. 지하차고가
단위주호의 배면 지하부(地下部)에 위치하므로 주차 후에 각 주호까지
의 접근로의 길이는 감소시켜주지만 많은 량의 경사면 절토가 이루어
졌다. 테라스하우스는 주변에 있는 단지 내의 다른 고층아파트들로부터

시각적으로 침해를 받고 있으며 각 단위세대의 테라스 규모가 옥외 정원으로 이용하기에는 미흡하다. 많은 수의 세대들은 입주와 동시에 테라스를 개조하여 내부 공간화(內部空間化)하여 테라스하우스의 장점을 상실하고 있다.

그림 32 당감 주공 테라스하우스

표 15 당감 주공 테라스하우스

배치도 및 단면도	단위주호 평면도

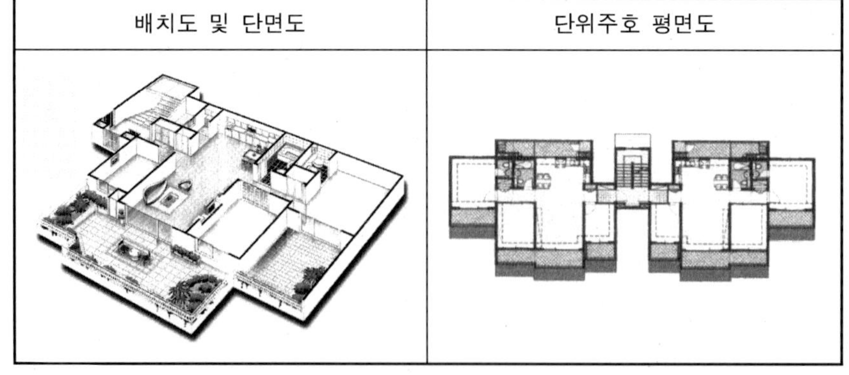

3. 단위주호의 기본 평면유형 설정

3.1 적절한 단위주호의 규모 및 면적관계

3.1.1 적절한 단위주호의 규모

본 연구는 일반적인 가정의 구성인원인 4인 가족을 기준으로 하여 경사지 테라스하우스에서 단위주호의 규모 산정을 위하여 계획이론적 검토와 스위스의 경우를 참고하여 '4인 가족 적정 소요건축면적'을 살펴본다.

국내의 한 연구에 의하면 1인당 표준 거주면적으로 16.5㎡가 필요하며, 이것은 건축면적의 50-60%(평균 55%) 정도를 차지하고 있다.[20] 이에 따르면 4인 가족의 주택에서 소요건축면적은 120㎡가 소요되고 이것은 국민주택규모로 정하고 있는 최대 주거면적 120㎡와 일치한다. 그러나 이것은 중심치수를 기준으로 한 것이고 그사이 제도가 바뀌어 안목치수로 기준이 변하였으므로 이를 고려하면 벽과 구조체의 면적으로 약 10%를 증가[21]시켜야 하고 국민주택규모의 단위주거의 전체 주거면적이 132㎡가 된다. 그러나 경사지 테라스하우스에서 단위주거의 면적산정은 평지의 면적산정과는 다소 차이가 있다. 경사지 테라스하우스는 주거의 바닥 또는 벽체의 1면 이상이 경사지 지면에 접하여 부분적으로 반 지하 공간의 성격을 지니게 되므로 환기 피트, 창고, 그리고 보일러실 등과 같은 면적이 증가요인으로 발생하여 평지에서의 주택보

---

20) 이광노, 송종석, 이정덕, 유희준, 윤도근, 『건축계획』, 문운당, pp.21-22, 1998.
21) 중심치수에서 안목치수로 바뀜으로 실제적인 구조체의 면적이 첨가됨.

다 순수주거면적의 1/4 정도가 추가된다. 이를 고려하면 경사지 테라스하우스의 주택은 4인 가족일 경우 총 162㎡가 필요하게 된다.

다른 한편 경사지 테라스하우스가 많이 건설되고 발전되어 있는 스위스의 사례를 대상으로 한 한 종합연구에서는 4인 가족 테라스하우스의 적정소요건축면적을 주택 당 160㎡으로 하고 있다.[22] 여기에서는 1인당 주거면적기준을 32.5㎡로 하여 4인 가족의 단위주호 당 총 130㎡의 주거면적을 설정하고, 여기에 경사지 집합주택의 특성을 고려하여 창고 및 저장고 면적을 30㎡를 추가하여 총 건축면적은 단위주호 당 160㎡로 설정하고 있다.

이와 같이 계획이론적 접근에 의한 4인 가족 단위주호의 소요건축면적과 스위스의 기준은 각기 162㎡와 160㎡로 약간의 차이는 있으나 큰 영향을 미치는 범위는 아니다. 그러므로 계산과 도식적인 단순화를 고려하여 본 연구는 경사지 테라스하우스에서 4인 가족 단위주호의 적정 규모는 총 160㎡로 설정한다.

3.1.2 단위주호에서의 면적관계

주택은 우리의 일상생활에서 가장 관계가 깊은 건축물이다. 주택은 가족의 레크리에이션(휴식, 휴면, 배설)과 영양섭취, 생식 등의 1차적인 육체적 욕구에 대한 생활과 단란, 유희, 공부, 사색 등의 정신적인 2차적 욕구생활 등을 충족시킬 수 있어야 한다. 이 목적을 구체화할 수 있도록 침실, 거실, 욕실, 식사실, 부엌, 다용도실 등이 있어야 하며, 그리고 이들 상호관계가 기능적으로 편리하게 배치되어야 한다. 주택에서

---

22) Strickler 외 3인, *Empfelungen für die Beurteilung, Zonung und Überbauung von Hanglagen*, Institut für Orts-, Regional- und Landesplanung der ETHZ, Nr.34, p.20, 1976.

원활한 주거기능의 수행은 거주성과 관련을 갖게 된다. 이는 주택의 공간그룹들 사이에 적절한 면적관계를 이룰 때에 가능하다. 이를 위하여 본 연구는 공간그룹들의 면적을 다음과 같이 요약하고 분류하여 나타낸다.

- **거주 공간면적**; 거주, 취침, 업무, 놀이, 그리고 식사 등에 사용되는 공간의 면적
- **家事 공간면적**; 거주의 기능을 보조하기 위하여 사용되는 공간의 면적으로 부엌, 욕실, 가사실, 저장 및 창고, 보일러실 등의 면적
- **교통동선면적**; 실내의 각 실들의 연결에 이용되는 면적

주택에서 저장 및 창고 공간이 가사실과 직접적으로 가까이 있으면서 가사실의 다양한 용도를 보조해 주면 보다 효율적으로 사용이 가능하기 때문에, 가사실과는 별개로 저장 및 창고 공간면적을 부가적으로 계산하는 것은 의미가 있다. 다른 한편으로 같은 레벨에 위치한 저장 및 창고 공간은 거주 공간영역이나 가사 공간영역의 확장 시 이들의 기능전환을 쉽게 할 수 있다.

이들의 면적관계에 관하여 조사한 자료에 의하면, 스위스의 9개 경사지 테라스하우스단지에서 대략 200세대를 조사한 결과 테라스하우스의 평균적 공간면적관계가 다음과 같이 나타났다.(부록 참조 - 단지비교표)

거주 공간면적 : 가사 공간면적 : 교통동선면적＝64 : 25 : 11

3.2 경사지 테라스하우스에 적합한 평면유형

표 16 경사지 주거지역의 대표적 건축평면의 형태

	―자형	ㄱ자형	ㄷ자형	부정형
평면 형태				
특징	전면마당을 향해 출입구가 열지어 있다.	지붕은 기와나 슬레이트를 설치, 외부 공간을 준 내부 공간화하고 있다.	지붕은 기와나 슬레이트를 설치, 외부 공간을 준 내부 공간화하고 있다.	증축에 의한 변형과 지형에 의한 異型이 나타남

(출처: 진병철, 경사지를 이용한 Terrace Housing 계획에 관한 연구, 홍대석논, 1991, p.15)

경사지 테라스하우스의 단위주호평면은 평지 저층집합주택의 경우에 비해 특별하게 어느 유형이 정해져 있는 것은 아니지만, 그러나 주택벽면의 1면 이상이 경사지 지면에 접하게 되므로 최소한 한 면에서는 조망이 차단되고 일조와 채광에 있어서도 제한 받게 된다. 그러므로 평지에서 가능한 모든 평면유형이 경사지 테라스하우스에 적합한 것은 아니다.

표 17 도시 단층 일반단독주택의 유형

유형	단층 단열 무지하형	단층 반복열 무지하형
도면	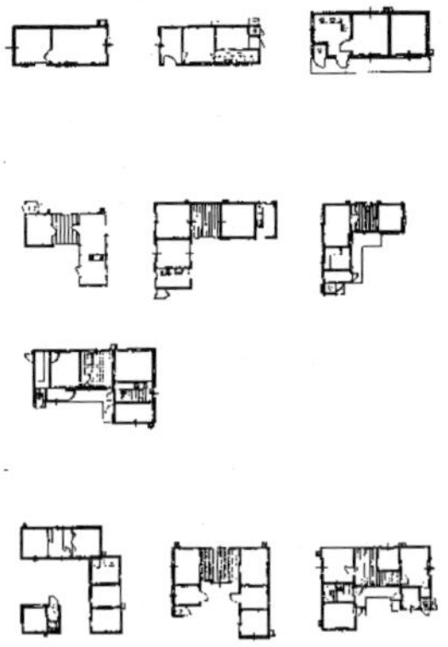	

유형	단층 복열 무지하형	단층 복열 유지하형
도면	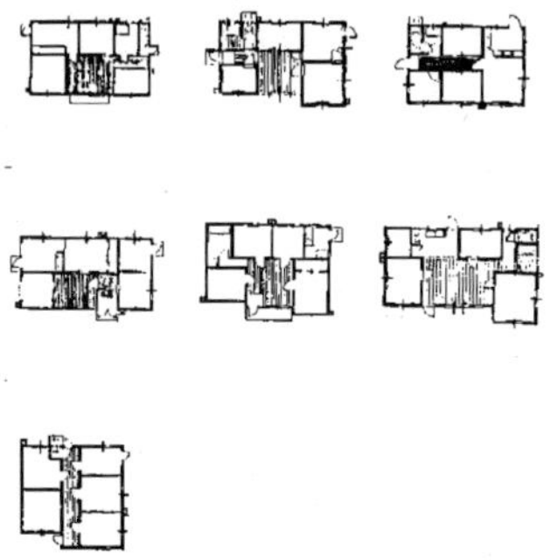	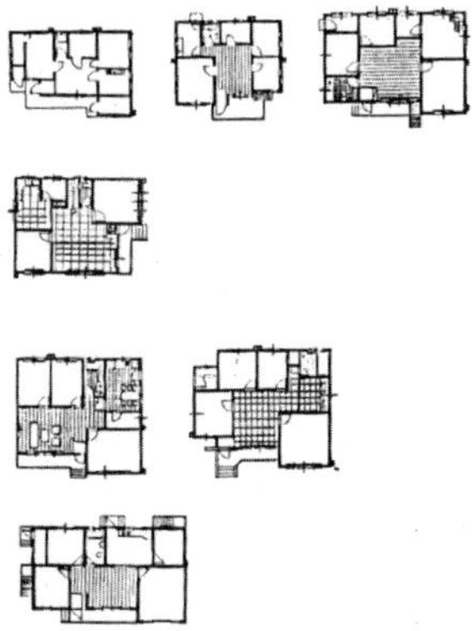

(출처: 임창복, 도시 일반단독주택의 변천에 따른 유형적 지속성과 변용성, 주거론, 대한건축학회, 2000, pp.191-195)

주택의 평면유형에 관한 연구들을 살펴보면, 진병철은 '경사지를 이용한 Terrace Housing 계획에 관한 연구'23)에서 경사지 테라스하우스

---

23) 진병철, 「경사지를 이용한 Terrace Housing 계획에 관한 연구」, 홍익대 석사논문, p.15, 1991.

와 관련하여 연구하였으나 정작 계획에 필요한 단위주호 평면의 적절성은 고려하지 않고 기존의 경사지에 존재하는 일반주거의 평면유형만을 ―자형, ㄱ자형, ㄷ자형, 그리고 부정형으로 구분하고 있다.

임창복은 '도시 일반단독주택의 변천에 따른 유형적 지속성과 변용성'[24]을 연구하면서 단층 도시주택을 단층 단열 무지하형과 단층 반복열 무지하형, 그리고 단층 반복열 무지하형 및 유지하형으로 구분하고 단층 단열 무지하형의 주택유형은 다시 ―자형, ㄴ자형, 그리고 ㄷ자형 유형으로 구분하고 있다.

한편 Hellmuth Sting은 도시주택의 평면유형을 통계적으로 조사하고 가장 흔히 채용된 도시주택의 단층 단위주거 평면형태를 표 18에서처럼 B, I, L, T, Z, 그리고 U―형태로 다양하게 유형을 분류하였다.[25]

---

24) 임창복, 「도시 일반 단독주택의 변천에 따른 유형적 지속성과 변용성」, 『주거론』, 기문당, pp.191-194, 2000.
25) Hellmuth Sting, Grundriss Wohnungsbau, Verlagsanstalt Alexander Koch, pp.64-65, 1975.

표 18 Sting에 의한 도시주택의 1층 단독주택의 기본형태

장방형	
각형	
T 자형	
Z 자형	
U자형과 아트리움형	

(출처: H. Sting, Grundriss Wohnungsbau, Verlaganstalt Alexander Koch, 1975, p.65)

　저층주택에서 평면유형이 파생되어 가는 과정을 살펴보면, 위에서 설명되는 평면유형들은 대부분 그림 33에서처럼 정방형, 장방형, 그리고 L자형으로 크게 대별되고 이로부터 다시 ㄷ자, ㄹ자, ㅁ자, +자, T자, 그리고 Y자 유형이 파생되고 있다.

그림 33 저층집합주택 파생도

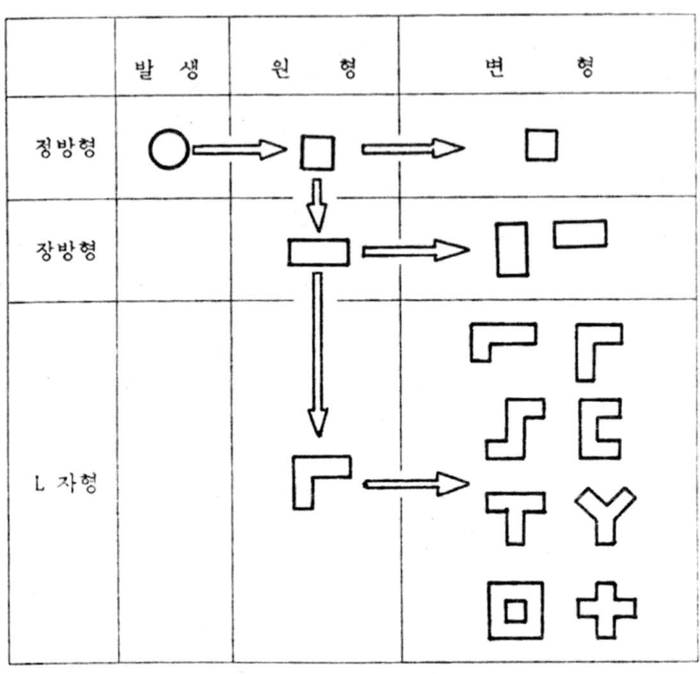

(출처: 주택연구회 역, 저층집합주택, 정림출판사, 1980, p.28)

이와 같이 다양한 유형들 중에서 一자형, ㄱ자형, T자형, 그리고 I자형의 평면유형 외에는 경사지 테라스 하우스에 적용하기 어렵다. 가령 ㄷ, Z형, U형 등은 테라스형으로 적층 자체가 될 수 없고, ㅁ형 평면을 상정한다 하더라도 마찬가지이다. 또한 부정형이나 다지형은 구조적으로 중첩을 시켜 집합주거를 이루기가 어렵다.

그러면 一자형, ㄱ자형, T자형, 그리고 I자형의 평면유형을 살펴본다. 그림 34의 사례에서처럼 一자형은 일반적인 단순한 형태로 거실 및 침실들이 전면에 배치될 수 있고, 각 실에서 일조와 채광, 환기, 그리고 조망이 유리하며, 평면의 조닝과 구조상의 단순함으로 다른 유형에 비교하녀 시공이 용이한 장점을 갖는다.

그림 34 일자형 사례(Chilacher, 스위스)

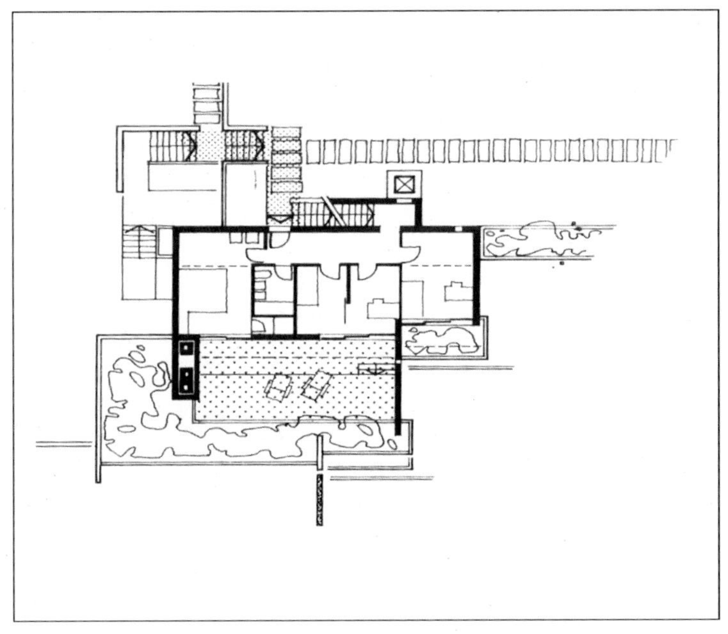

"외기에 접한"면은 시각적 투시성(透視性)과 물리적 관입성이 가능하다. "외기에 접한"면의 위치는 주호의 주방향설정요소로 중요하다. 우리는 부분적으로 이 면을 돌출시키거나 후퇴시킴으로 주 중심방향 이외에도 1내지 2의 부가적 부중심 방향을 얻게 된다. 현저하게 한 방향만을 향하는 건물에서 내부 공간의 채광을 위한 필요한 창의 면적을 확보하고, 그리고 창에 의한 테라스와 내부 공간의 거주성을 향상시키려면, 이런 방법이 효과적이다. 이로부터 ㄱ자형, T자형이 유도된다.

ㄱ자형은 꼭 남향이 아니더라도 부방향에서 채광과 일조가 가능하고, 주거의 전면방향 뿐만 아니라 측면방향으로도 조망을 가질 수 있는 이점이 있다. 단조로운 형태를 피할 수 있으며, 같은 레벨의 이웃 간에 프라이버시 보호에도 유리하다. ㄱ자형 평면은 장방향 평면보다 프라이버시가 좋은 테라스정원을 얻을 수 있고 이를 중심으로 양쪽에 배치된 실내부분의 사적 공간과 공적 공간을 통합 배치할 수 있으므로 동선 및 공간계획상 유리하다. T자형과 역ㄱ자형도 가능하며 특성 또한 같다.(그림 35 참조)

그림 35 ㄱ자형 평면유형 사례(Umiken, 스위스)

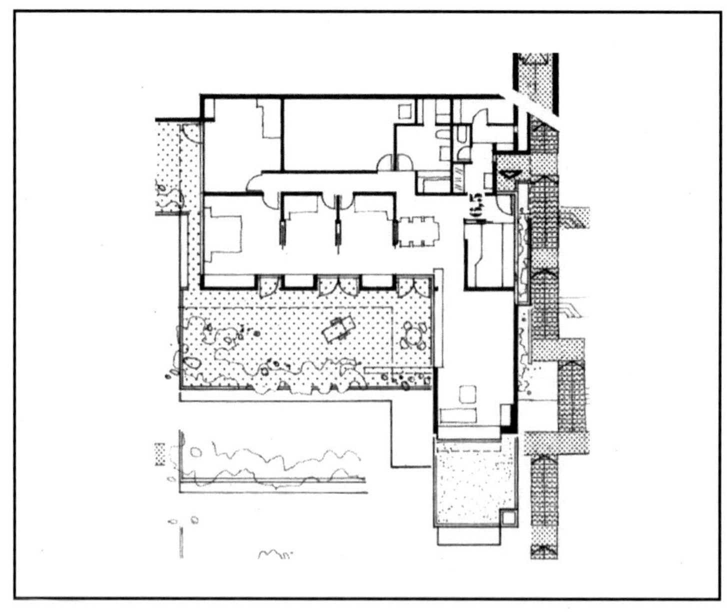

I자형은 주호가 접하는 경사면을 제외한 3면 방향으로 조망을 가질 수 있으며 채광 및 일조에도 유리하다. 그러나 다른 형들은 수평방향으로도 연이어 주호를 배치할 수 있는 반면, I형에서는 수평방향으로 연

이어 다른 주호를 붙일 경우 전면을 제외하고는 채광과 전망이 차단되게 되고 안길이가 깊으므로 실내의 채광 및 통풍에 문제점이 발생하게 되는 단점이 있으므로 안길이를 줄인 소규모나 상하층을 함께하는 복층형으로 하는 경우가 많다.(그림 36 참조)

그러므로 경사지 테라스하우스에 적절한 단위주호의 평면유형은 一자형, ㄱ자형(逆ㄱ자형 포함), T자형, 그리고 I형이라고 할 수 있으며, 스위스, 오스트리아, 독일 등지의 경사지 테라스하우스의 유형들도 살펴보면 근본적으로는 모두 이들 유형 중의 하나로 되어 있다.

이 유형들은 최소한 3면(최대한 5면)의 측면이 밀폐된 그룹을 형성한다.(경사지 건축 유형에서 바닥과 지붕도 면으로 산정 된다.) 이 유형들은 이는 수평적 뿐만 아니라 수직적 방향으로도 더해갈 수 있는 유형으로 여겨진다.

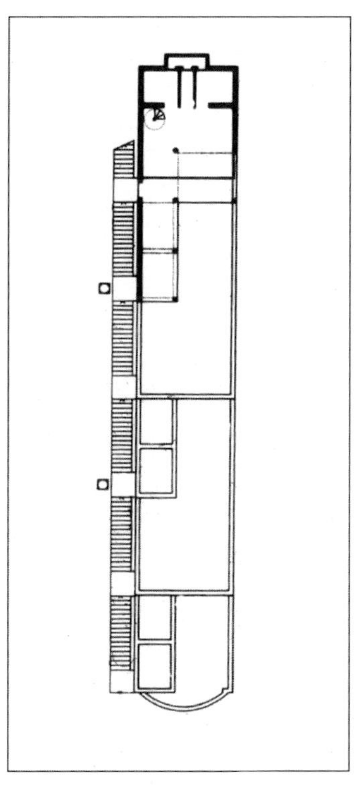

그림 36 I자형 사례
(Montagnola, 스위스)

표 19 경사지 테라스하우스에 적절한 평면유형

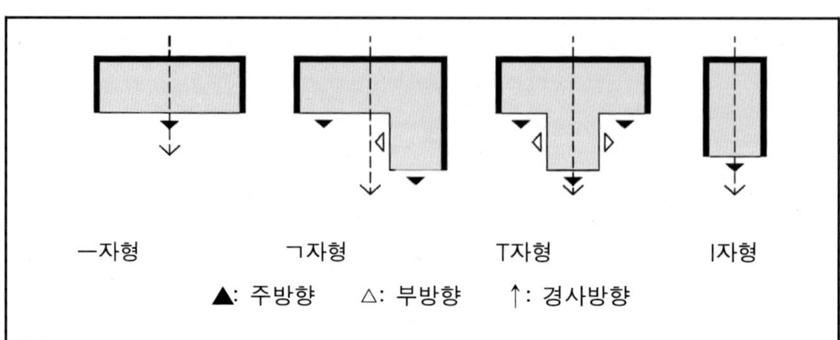

3.3 단위주호 평면의 영역화(領域化)

3.3.1 일조와 인간

지구상에서 화석에너지의 유한성은 인류에게 새로운 대체에너지의 개발과 에너지 사용의 절약을 요구하고 있으며, 그에 대한 대안의 일환으로 건축에서는 태양에너지의 활용 등이 시도되고 있다. 태양광선은 지구에 도달하여 자연에너지로 전환되거나 지구상의 모든 생명체에게 직·간접적으로 에너지를 제공하고 있다.

그리고 우리는 일조권 확보를 위한 분쟁에 있어서 건강에 대한 영향이 크게 논의되고 있음을 볼 수 있다. 일조의 부족은 인간에게 생리 위생학적으로 구루병[26]을 발생 시킨다. 일조는 우리의 건강한 생활을 위

---

26) 비타민 D는 체내의 엘고스테롤이 피부에서 자외선의 작용에 의하여 생성된다. 그러나 일조가 부족하게 되면 이의 생성작용이 약화됨으로 비타민 D의 부족 현상이 나타난다. 일조에 의해서 생성되는 비타민 D와 영양 부족은 인간에게 생리 위생학적으로 구루병을 발생 시킨다.

하여 중요한 요소이며, 특히 자라나는 어린아이에게 절대적으로 필요한 사항으로 주거의 거주성과 밀접한 관계를 갖고 있다.

일조에 관한 한 의식조사를 보면 "일반적으로 주간에 일조에 관해서는 대부분 주부가 빛이 잘 들어오길 희망하고 있으며 그 이유로서는 분위기가 밝고 따뜻함이 주는 효과에 대해서 주목하는 것을 보더라도, 일조의 문제는 거주생활에 있어서 정신·위생상 영향을 줌으로서, 이에 다른 심리적 효과를 크게 요구하게 된다."[27]고 하고 있다.

이처럼 일조는 하루 중 많은 시간을 주택에서 생활하는 주부와 어린아이에게 있어서 매우 중요한 요소이다.

3.3.2 일조량의 필요에 따른 영역화(領域化)

주택의 내부를 四方에서 채광과 일조가 가능한 단독주택과 비교하여, 경사지 테라스하우스는 단점을 갖게 된다. 특히 경사지 테라스하우스의 다열종대형에서 一자, ㄱ자, T자, 그리고 I형은 한 방향만 외부를 향한 유형으로 나타난다. 한 방향만 외부를 향하는 테라스하우스의 평면구성은 한 방향에 의한 채광과 일조가 가능하다. 이들 유형의 실내평면계획은 5면이 폐쇄되어 있음으로 많은 장애요소를 갖는다.

평면계획에서 기능을 수용하는 실들은 일조의 필요성에 따라서 배치되고 영역화(領域化)되어야 하며, 이는 테라스하우스의 전체적 설계원리가 되어야 할 것이다. 평면은 일조량의 필요 정도에 따라서 다음의 4개의 영역(領域)으로 서로 구분이 가능하다.

---

27) 김광우, 김회서, 김병선, 김용이, 조진균, 동지일 연속 2시간 일조확보를 위한 컴퓨터 시뮬레이션 연구, 건설교통부, 2000, p.48.

(1) 자연광 노출 영역(領域)

이 구역은 직접적으로 자연광에 노출된 공간으로 거주 공간과 연관된 주택주위의 옥외 공간으로 직접적으로 자연광에 노출되며, 특성에 따라서 이곳으로도 거주영역의 확장이 가능하다. 테라스는 여기에 속하며 단위주호(單位住戶)의 폭 전체에 위치한다. 편이상 영역(領域) M이라 하기로 한다.

(2) 직접 일조 영역(領域)

이 영역은 실내에서 기능적, 그리고 위생적으로 가장 많은 자연광(自然光) 또는 직접적 일조를 요구하는 거주 공간이며, 영역 M과 연결이 가능하다. 이 영역은 옆 단위주호의 연결 벽면에 의해서 옆면이 한정된다. 영역(領域) N이라 하기로 한다.

(3) 중간 일조 영역

이 영역은 실내에서 중간적 어두운 영역이거나 인공적인 조명과 환기에 의해서 사용이 가능한 공간 상호 간의 연결에 사용되는 교통동선 공간으로 주호의 실내중앙에 위치하고 영역 N과 P에 둘러싸여진다. 영역(領域) O라 하기로 한다.

(4) 무 일조 영역(領域)

이 영역은 어두운 영역으로서 인공적인 조명과 환기로 이루어지는 공간이며, 옥외 공간과 직접적인 관련이 요구되지 않고 거주 공간을 보조하는 가사 공간으로 가장 깊숙한 내부에 위치하게 된다. 영역(領域) P라 하기로 한다.

　여기에서 영역 O(그리고 P)에서 직접적 채광과 환기는 희망사항이지 의무적으로 이루어져야 하는 것은 아니다. 단위주호평면의 영역화(領域化)는 단위주호의 조합방법 안에서 이루어져야 하며, 표 20과 표 21에서처럼 나타나게 된다. 표 20에서 개개의 단위주호들은 지붕으로 덮인 통로를 따라서 경사면 내부의 가로통로에 의해서 접속된다. 단위주호의 조합에서 기본유형은 한 방향 單位住戶로 나타난다. 이와 같은 영역의 배열도식은 다음의 표 20에서처럼 모든 기본유형에서 동일하게 적용 가능하다.

표 20 다열종대형의 기본유형에서 영역화(領域化)와 향

유형	ㅡ자형	ㄱ자형	T자형	I자형
그림				
범례				

표 21 一자형의 영역화와 향

유형	그림	범례
A: 이열종대형 (지붕이 있는 세로통로에서 접근)	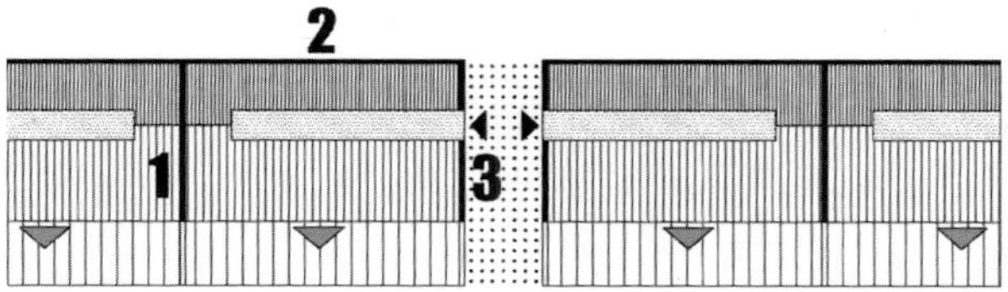	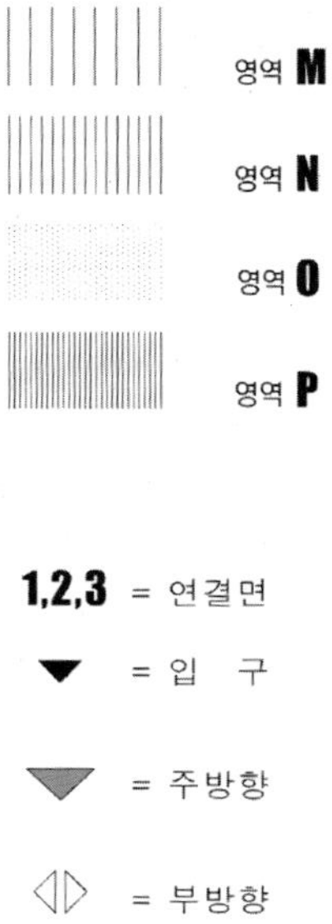 영역 **M** 영역 **N** 영역 **O** 영역 **P**
B: 이열종대형 (지붕이 없는 세로통로에서 접근)	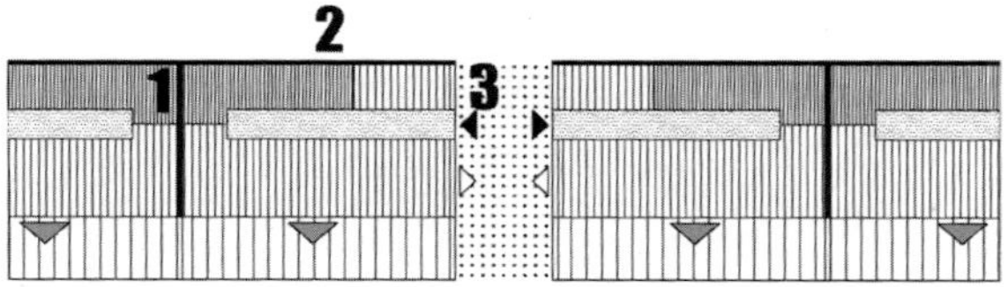	**1,2,3** = 연결면 ▼ = 입 구 ▼ = 주방향 ◁▷ = 부방향
C: 일렬종대형	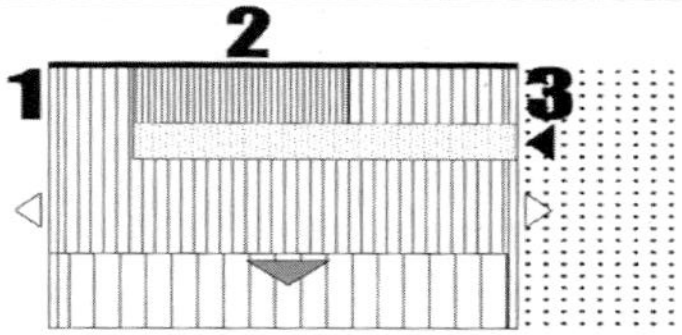	

보다 구체적으로 일자형의 평면유형을 조합방법에 의해서 살펴보면, 단순한 일렬종대형, 지붕이 있거나 혹은 지붕이 없는 세로통로가 있는 이열종대형, 그리고 수평적으로 연속적으로 증가시킬 수 있는 다열종대형의 기본유형의 배열에서 옆에 단위주호가 추가되지 않으면, 추가적으로 향1 혹은 1과 3, 즉 하나 또는 두 개의 추가적 향을 얻는다. 이에 의해서 영역 N은 커지게 된다.(표 21의 B와 C 참조)

3.3.3 영역(領域)에서 기능의 수용

3장 1절에서 다룬 거주면적은 복지수준의 향상에 따라서 증가가 예상된다. 주택의 지속적인 이용가능성(利用可能性)과 건축면적과 관련되어있다. 그러나 연구의 한정성을 위하여 건축면적을 제한하기로 하였다. 일방향 주택에서 단위주호의 허용되는 최대깊이를 제시하면 그로부터 건축면적에 의해서 단위주호폭의 길이가 유도될 수 있다. 여기에서 각각의 영역 깊이가 규정되어지고, 그로부터 유도된 치수는 최소치를 의미한다.

(1) 기능적 영역

1) 영역 M: 테라스

영역 N에서의 행위의 일부가 영역 M안에서 행해질 수 있다면, 영역 M은 의미 있게 사용 가능하다. 이는 생활을 위한 필요한 공간이 영역 M 안에 존재하여야 한다는 것을 의미한다. 즉, 테라스는 테라스하우스를 선호하는 가장 기본적인 매력을 주는 곳이다. 그러나 주거활동이 그곳으로 확장될 수 있을 때 비로소 의미를 지닌다. 주거활동의 일부가 그곳으로 확장되려면 그 공간은 최소한의 활동이 가능한 크기여야 하고 이웃으로부터 프라이버시가 확보되어야 한다. 테라스의 적정깊이와 적층각도(積層角度)를 파악해 보려면 우선 테라스에서 가능한 기능과 테라스의 최소한의 크기 등을 고려하여야 할 것이다. 테라스에서 가능한 다양한 기능을 정리하면 표 22와 같다.

표 22 테라스에서의 가능한 행위

	행 위
1	일광욕 눕 기 취 침 묵 상 독 서
2	식사 및 차 마시기 (바베큐, 파티)
3	가 사 빨래 건조
4	놀 이 모래장난 샤 워 물놀이
5	정원 및 채소 가꾸기

　　이와 같은 기능을 모두 수용하기에는 테라스의 규모에 따라 어려움이 있다. 그러나 최소한 가족이 모여 차를 마신다거나 누어서 일광욕 정도는 할 수 있어야 그 존재의 의미가 있다고 할 것이다. 그림 37은 테라스에서 있을 수 있는 활동 중 최소한의 기능으로 차 마시기와 일광욕을 상정하였을 때의 기준으로 필요한 공간을 보여주는 것으로 특히 깊이는 2.4m 정도 되어야 함을 보여준다.

　　이는 기능적 요구에 따른 영역 M의 측정을 위한 행위와 필요 공간을 수치적으로 보여주는 것이다. 여기에서 도출되는 두 개의 수치는 영역 M의 깊이에 결정적이다. 영역 M의 이용 가능한 최소 깊이(DeM)는 2.4m이다.

그림 37 테라스에서 가구의 가변적 배치(영역 M)

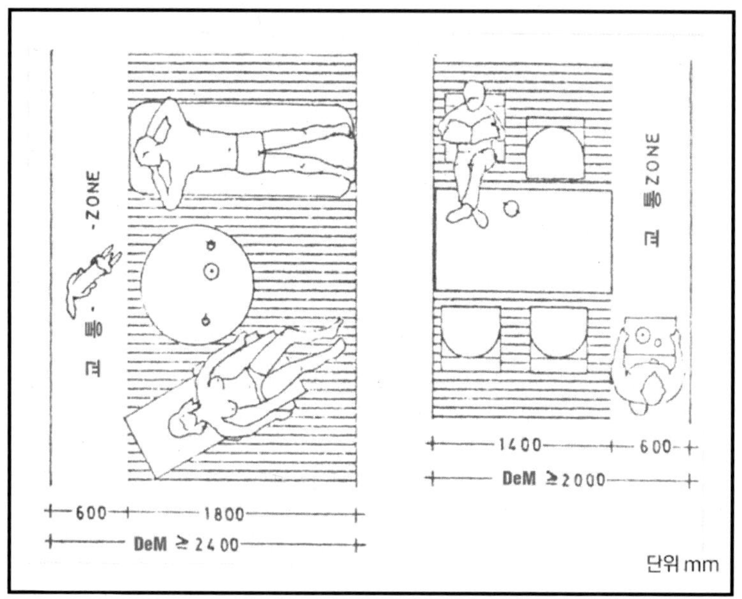

DeM = 2.4m

그러나 이곳이 여름에 차양시설을 효과적으로 갖추지 못하면, 거주자는 태양광선에 의하여 가열된 테라스의 바닥과 벽체들의 뜨거운 열기로 테라스와 테라스에 연결된 거주 공간의 이용에 제약을 받게 된다. 그러므로 이와 같은 제약을 피하기 위하여 설계상에서 배려가 되어야 하며, 그리고 겨울에는 눈의 제설과 동빙(凍氷)을 고려하여 배수시설이 되어야 한다.

2) 영역 N: 거주 공간

영역 N에는 거실과 침실이 위치하며, 침실에서 4.15m의 치수는 그림 38에서처럼 가구를 가변적으로 배치할 수 있는 최소 수치이다. 그리고 그림 37에서처럼 테라스에 2개의 야외 침대를 서로 옆으로 설치할 수 있으면, 영역 N에서 아이들이 장난감을 가지고 놀이를 할 수 있는 충분한 크기의 놀이 공간을 확보할 수 있다. 여기에서 영역 N의 이용 가능한 최소치(DeN)는 4.2m로 설정 가능하다.

그림 38 침실에서 가구배치의 가변성(영역 N)

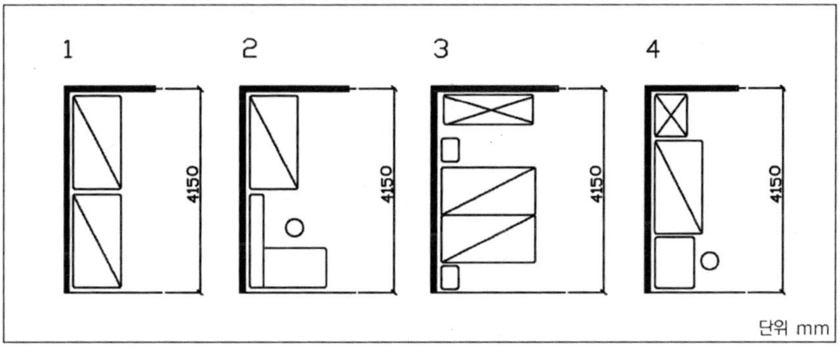

DeN = 4.2m

3) 영역 O: 교통 공간

영역 O는 기능적 요구에 따라서 장축 방향으로 또는 단절적으로 영역 N이나 영역 P를 가로지르며 배치되며, 그리고 두 사람이 서로 방해받지 않고 나란히 걸어갈 수 있는 크기가 되어야 한다. 이로부터 영역 O의 최소이용 가능한 깊이(DeO)는 1.4m[28]로 설정하기로 한다.(그림 39 참조)

---

28) 이범재 외 4인, 건축계획론, 기문당, 1996, pp.118-120. 복도의 폭은 최저 90cm로 하지만 보통 105-150cm가 적당하고, 두 사람이 엇갈릴 필요가 있을 경우에는 130-140cm가 필요하다. 이로부터 최소치 140cm가 도출된다.

그림 39 교통 공간의 폭

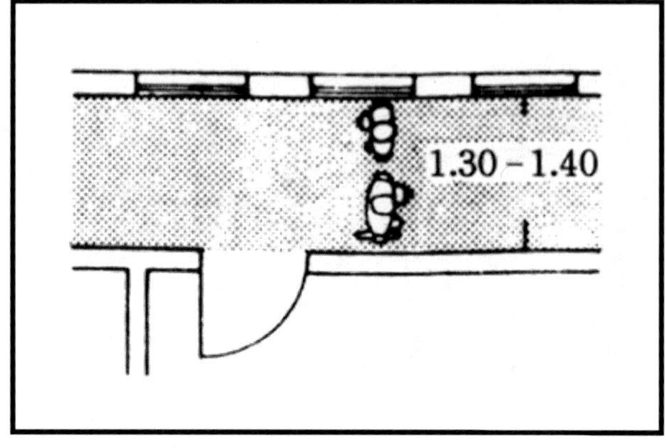

(출처: 이범재 외 4인, 건축계획론, 기문당, 1996, p.120)

DeO = 1.4m

4) 영역 P: 가사 공간

영역 P는 욕실을 위하여 최소 1.7m이면 가능하지만, 그러나 생활수준의 향상에 따라서 더욱 많은 것들이 설치되어진다. 따라서 욕실의 깊이는 1m 정도의 확장을 감안하여 최소의 깊이(DeP)는 2.75m로 설정하기로 한다.(그림 40 참조)

그림 40 욕실의 가변성

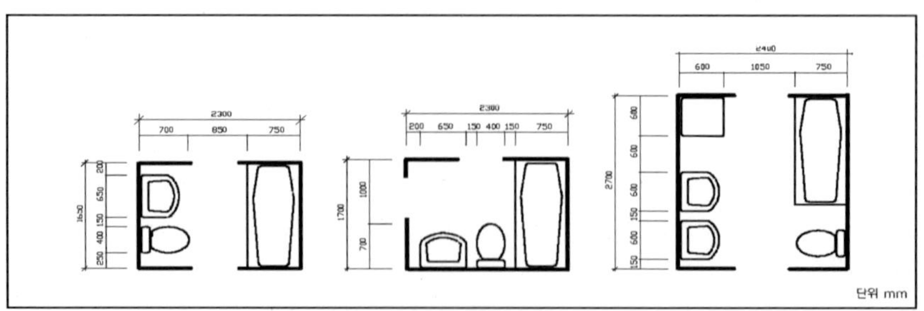

DeP = 2.75m

(2) 경계적 영역

기능적 영역들 사이에 구조체, 설비, 그리고 고정물 등등의 요소가 추가되며 이를 '경계적 영역'이라 부르기로 한다.

1) 영역 1: 시선차단시설

영역1은 아래층 영역 M의 시각적 프라이버시 보호를 위한 기능과 거주자의 안전을 위한 기능을 수행한다. 여기에는 추락방지시설 및 시선차단시설의 설치가 필요하다. 이것은 건축적, 그리고 정원적 시설이며, 깊이는 건물의 적층각도에 의해서 좌우된다.

De1 = f(HS)

2) 영역 2: 전면외벽

영역 2는 실외 공간과 실내 공간의 경계를 이루는 구조체와, 그리고 라디에이터나 공기공급구(空氣供給口) 혹은 일광차단시설이 추가될 수 있다. 깊이는 45cm로 설정하기로 한다.

De2 = 0.45m

3) 영역 3: 중간내벽 1

존(Zone) 3은 실내 공간의 중앙부에 위치하게 됨으로 구조적인 벽이나 고정물이 오게 된다. 따라서 이 공간의 깊이는 45cm를 제안한다.

De3 = 0.45m

4) 영역 4: 중간내벽 2

영역 4는 벽이나 설비 혹은 작은 고정물이 오며 깊이는 30cm로 설정하기로 한다.

De4=0.30m

5) 후면외벽 존(Zone) 5

영역) 5는 경사면 벽 쪽의 공간 경계를 이루는 부분으로 구조적 벽체가 오게 되며 45cm로 설정하기로 한다.

De5=0.45m

그림 41은 기능적 영역들과 경계적 요소들을 순서대로 배열한 것이다.

그림 41 주택에서 영역의 깊이

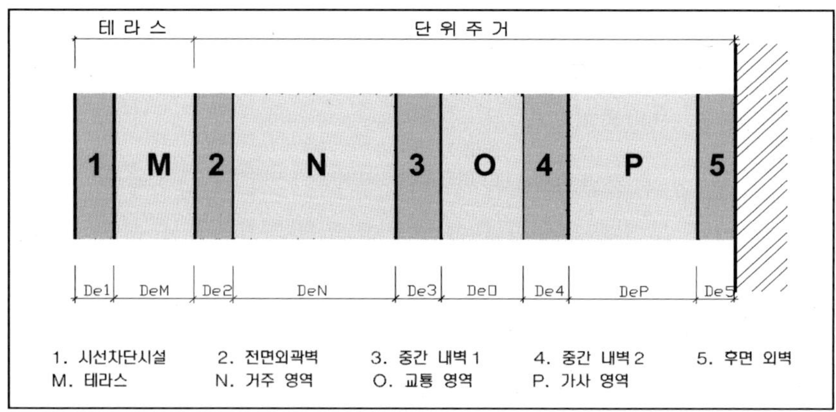

3.4 기본유형의 규모설정

경계적 영역과 기능적 영역의 이용 가능한 깊이를 더하면, 테라스를 포함한 단위주호의 표준적인 최소 전체 깊이가 된다.
일반적으로

테라스하우스 깊이(DeTH) = (De1 + DeM) + (De2 + DeN + De3 + DeO + De4 + DeP + De5),

그리고

단위주호의 깊이(DeHU) = De2 + DeN + De3 + DeO + De4 + DeP + De5

이다.

DeHU = 0.45m + 4.2m + 0.45m + 1.3m + 0.3m + 2.7m + 0.45m

DeHU = 10m

표 23 연구를 위해 설정한 동일면적 기준 평면유형 예(160㎡)

일자형	ㄱ자형	T자형	I자형

각 유형을 대상으로 비교 검토할 수 있도록 그 단위주호의 규모를 공히 4인 가족의 기준으로 삼았던 160㎡로 한정하여 유형별로 적용하면 다음 표 23과 같은 형태를 예로서 상정할 수 있다. 이는 조사된 전체 건축면적 160㎡를 단위주호의 깊이(DeHU)로 나누면 모델 단위주호의 폭(B)은 16m가 된다. 이는 직사각형(一자형)의 평면에서는 정확하다. 그러나 ㄱ자-와 T자 유형에서 폭(B)을 16m로 고정하면 깊이는 달라진다. 이들 유형과 비교하여 I자 유형은 특별한 경우를 나타낸다. 다른 유형이 주방향으로부터 일조와 채광이 이루어지는 것에 반하여 I자 유형은 부방향에서 일조가 이루어진다. 이 유형의 최소 폭은 고정적

이지 않아서 I자 다열종대형과 구분되어야 한다. I자 다열종대형의 최소 폭은 주방향 1면으로부터 일조와 채광이 이루어지므로 거주영역, 즉 전체구성원이 모이는 거실과 관련을 갖게 된다.

거실은 생활을 영위하는 가족의 구성과 편리, 그리고 가구의 크기와 사용상의 조건에 연관되어 있음을 나타낸다. 넓이는 1인당 4-6㎡[29]가 적정하다고 보고 있다. 採光을 위한 前面의 증가는 거실의 확장과, 그리고 계속적인 거주기능과 작업영역의 전면배치(前面配置)를 가져온다. Thiersch는 거주기능을 위해서는 최소한 3.50m의 폭이 되어야 하고, 2개의 거주기능을 위해서는 "최소한 6.00m의 폭이 되어야 한다고 제안하였다. 그리고 2개의 거주기능이 차단벽에 의해서 이용이 중복되지 않고 차단되면, 이 수치는 2개가 분리되어 서로 병립되어 각각의 거주기능에는 좁다고 한다."[30] 이는 거실내부에서 다른 이용이 중복되면, 다른 이용이 각각의 실을 가질 때보다 單位住戶의 폭(최소의 전면 길이)이 짧아질 수 있다. 그림 42에 나타나는 것처럼 거실의 폭은 가구의 배치에 의해서 가변성을 갖는다.

---

29) 이광노 외 4인, 건축계획, 문운당, 1998, p.35.
30) Hans Reiner Thiersch, Die Wahl des richtigen Grundrisses, Bauverlag GmbH, 1985, pp.26-27.

그림 42 거실의 폭의 가변성

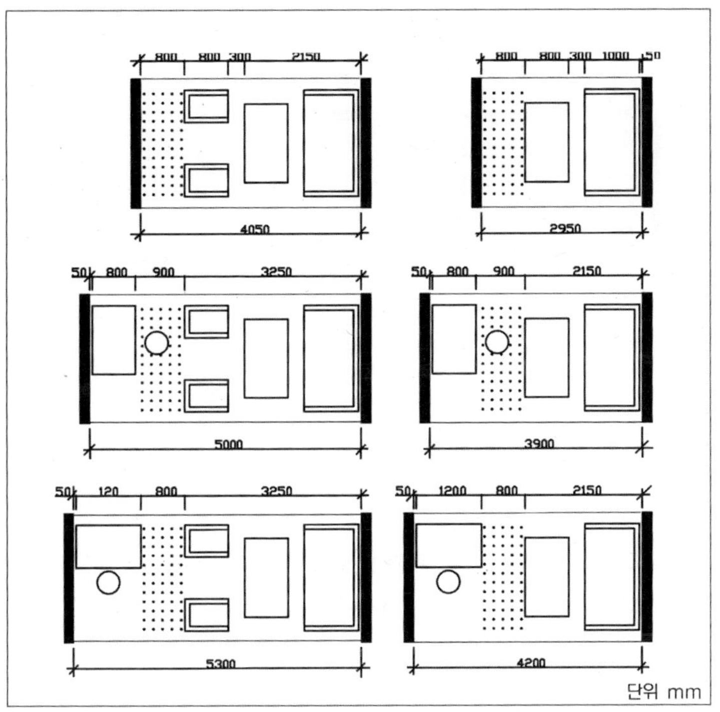

I자 다열종대형은 주방향으로 가능한 최대의 개방을 추구하며 시각적으로 외부를 향한 주거기능의 배열이 최대한 2개까지 가능하다. I자 다열종대형에서 직접적으로 배열이 3개 이상이 되면 중간단계를 경과하여 一자형으로 발전된다.(그림 43 참조)

그림 43 I자 다열종대형의 발전과정

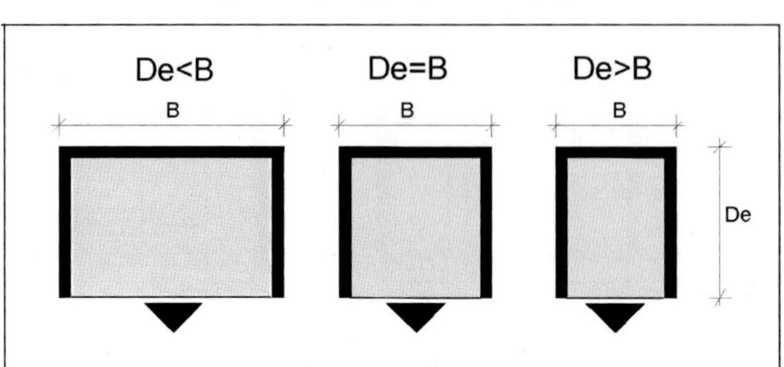

 I자 다열종대형에서 폭의 최대치는 5m로 설정하면 一자형에서 최대
한의 깊이는 10m이다. 따라서 I자 다열종대형은 50㎡의 건축면적을 갖
게 된다. I자 다열종대형은 소형의 경사주택의 유형으로 적합하며, 변동
이 심한 경사지에 적합하다. I자 다열종대형에서 대형주택에 적용되려
면 이는 복층형으로 가능하다. I자 다열종대형에서 영역은 一자형과 같
은 방법으로 분할이 가능하다. 그리고 교통동선구역과 가사구역에서 평
면의 변경은 기본유형에서 전체적으로 어려움이 없이 가능하다.

4. 단위주호(單位住戶)의 적층

4.1 개 요

이 장에서는 앞장에서 연구된 單位住戶가 집합주거의 형성을 위하여 적층되어 나가는 과정에서 경사도와의 사이의 상호관계를 다룬다.

첫째, 우리의 일상의 생활에서 거주와 연계된 테라스하우스의 옥외공간 즉 테라스는 테라스하우스의 장점을 나타내는 중요한 요소이다. 이곳에서 이웃으로부터 개인의 사적인 프라이버시가 보호되는 것은 중요하며, 이 요구가 채워지지 않는다면 거주자는 테라스의 사용을 기피하게 되며 거주성은 현저하게 저하되어 경사지 테라스하우스가 갖는 특수한 장점이 사라지게 된다. 테라스하우스의 장점을 살리기 위하여 적정한 테라스의 깊이와 시선차단과 식재(植栽)의 목적을 동시에 수용하는 그림 1과 같은 시선차단시설은 테라스에서 중요한 요소이다. 주거의 질적인 조건을 충족시키면서 단위주호가 적층될 때 지형의 경사도와 테라스의 관계가 연구된다.

둘째, 경사지 테라스하우스에서는 특성상 차량이 각 주호(住戶) 앞까지 접근하기 어려우므로 거주자는 주구지선로(住區支線路)에 차량을 주차한 후 도보로 접근로(接近路)를 이용하게 된다. 따라서 접근로의 최대길이는 단위주호의 적층규모설정의 기준으로 이용 가능하다. 접근로는 단위주호의 조합유형이나 층수, 단위주호와 접근로의 접속유형 등 다양한 요인의 영향을 받는다. 본 연구는 이와 같은 요인들을 살펴서 경사지 테라스하우스에서의 각 주호에 이르는 접근로의 최대길이를 도출을 위한 연구가 진행된다.

셋째 경사지를 최적으로 이용하기 위한 테라스하우스는 가능한 높은 주거밀도를 유지하면서 단지를 형성할 수 있는 관계가 연구되어야 한다.

그림 44 테라스에서 시선차단시설

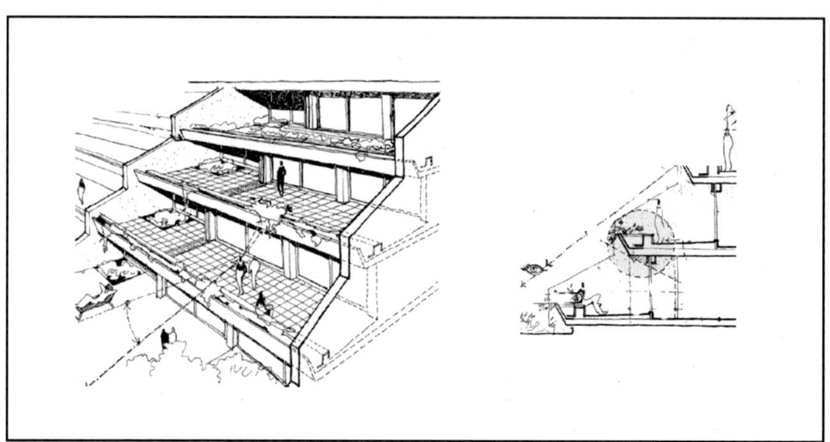

여기에서는 단지건설 시 평면유형과 건설유형을 경사지의 상황 안에서 도시계획적 밀도와의 관계를 구체화시킨다. 이들 건설유형은 單位住戶와 경사도에 따라서 영향을 받으며, 비테라스형 공동주택의 주동처럼 건물의 이용과 구조의 중복을 단위주호에 고려하여야 한다. 그리고 경사지의 테라스하우스는 소규모 단지로 분할될 수 있다. 연구에서 통합적으로 필요한 면적 간의 상호비교를 이루기 위하여, 모든 모델에서 단지의 깊이는 일정하게 설정된다. 단지의 폭은 평면유형과 조합시스템, 그리고 대지경사도와 상관관계를 갖는다. 또한 대지의 상황, 조합시스템, 접근동선체계 및 주차시스템, 그리고 인동간격은 상호 간에 영향을 준다. 본 연구는 밀도와 관련되는 사항을 대지의 경사도와 관련하여 건설유형 및 평면유형과의 관계를 가상의 모델대지에서 살펴본다.

이상은 이 장에서 연구의 중심내용이다.

4.2 적층(積層)에서 테라스와 경사각도

4.2.1 용어의 개념 상정

본 연구는 연구의 진행을 위하여 이상적인 대지 설정과 용어의 개념을 상정하기로 한다. 이상적인 대지는 지형의 경사가 일정하게 진행되는 경우를 상정하고, 이 지형이 이루는 각도를 경사각도(傾斜角度)라 부르며, 건물이 적층되면서 이루는 각도는 적층각도(積層角度)라 부르기로 한다. 테라스하우스의 적층에서 이상적인 경우는 주어진 대지의 경사각도와 건물의 적층각도가 서로 같이 일치하여 일정한 각도를 유지하는 경우이다. 이는 테라스하우스의 적층되는 단위주호가 동일한 구조적 조건과 구조역학적 관계를 갖게 되는 것을 의미하기도 한다.

다른 한편으로 현실상에 존재하는 대지들은 이상적일 경우만이 있는 것이 아니다. 지형의 상황에 따라서 적층각도 또는 경사각도에 변형을 주어 적층을 하게 되는 이상적이지 않을 경우가 있게 된다.

표 24 경사각도가 적층각도가 다를 경우 상부와 하부의 건물처리

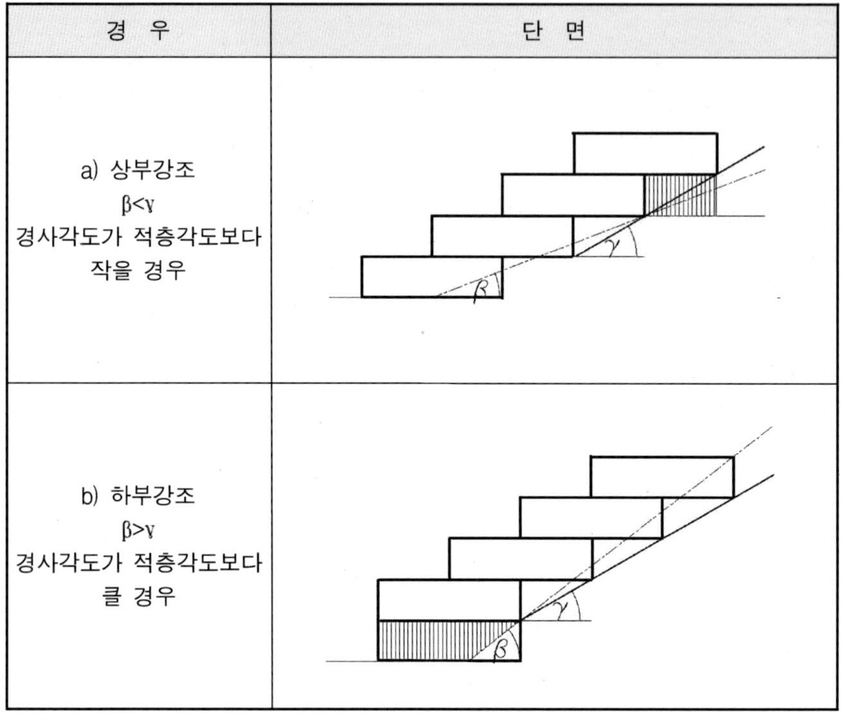

경사각도와 적층각도 사이에 차이가 많으면 많을수록 대지의 傾斜線과 만나게 되는 건물의 수는 줄어든다. 이 경우 지형의 훼손을 줄이면서 이를 보완하려면 규칙적으로 반복되는 형태에 변형을 추가하여 건물의 하부 혹은 상부를 강조하게 된다. 표 24의 a)에서처럼 경사각도가 적층각도보다 적을 경우에는 상부에 변형을 추가하여 적층시키는 것이 효과적이며, b)에서처럼 경사각도가 적층각도보다 클 경우에는 하부에 변형을 추가하여 적층시키는 것이 효과적이다.

4.2.2 積層角度와 건물깊이

기본유형의 평면형태와 구체화에 관하여 앞장에서 다루었으며, 여기에서는 건물깊이(De)와 건물높이(Sh), 그리고 積層角度(γ) 사이의 상관관계를 제시한다.

$$\angle\gamma = \frac{Sh}{De}$$

경사관계에서 나타난 것처럼 인동간격 D＝0에서는 테라스깊이의 증가로 낮은 積層角度에 도달하게 되어 완경사지에 적합하게 된다.

개개의 기본유형의 '이상적인' 경사영역의 건물깊이 De와 건물높이 Sh의 관계는 다음의 식과 같다.

$$\angle\gamma 1 = \frac{Sh}{De} = \beta_{min}$$

$$\angle\gamma 2 = \frac{Sh}{De - x_{max}} = \beta_{max}$$

그림 45는 밀집 간격 D〈0에서 건물깊이(De)와 건물높이(Sh), 그리고 傾斜角度(β) 사이의 관계를 나타내고 있다. 여기에서 x는 상·하부 單位住戶 사이에 積層되는 깊이를 나타내며, 일정한 한계 내에서 변한다.

x＝De일 경우는 單位住戶가 테라스 없이 積層되는 것을 의미하며, 이는 수직적으로 곧바로 적층되는 건물을 나타낸다.

그림 45 밀집과 경사도 β 사이의 상관관계(積層角度)

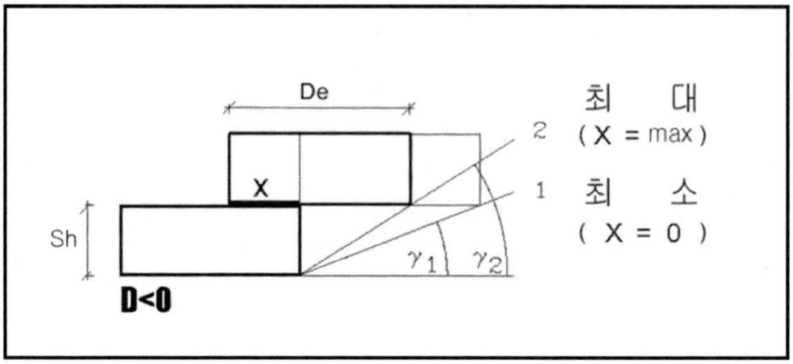

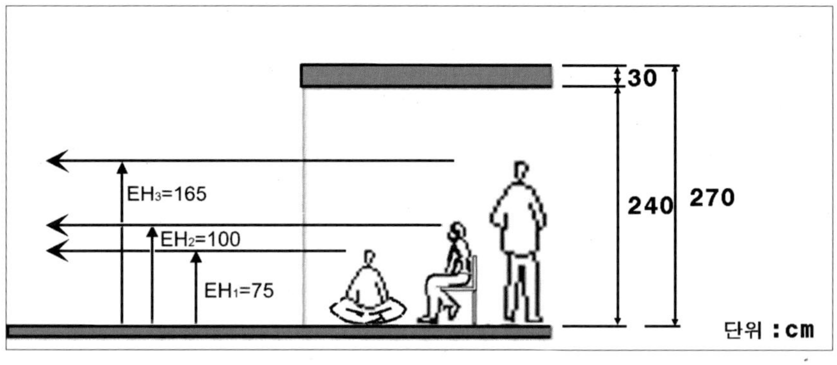

그림 46 시선보호높이에서 조망위치의 영향

4.2.3 시선차단시설과 유효테라스깊이

테라스하우스에서 테라스의 깊이가 2.4m 이상이 된다하더라도, 즉 면적에서 최소한의 기능을 수용할 수 있는 크기라 하더라도, 그곳에서의 활동이 이웃에 노출되면 이용할 매력이 떨어지므로 이에 대한 대책이 필요하다. 따라서 테라스는 위층의 테라스로부터의 시각적 프라이버시 보호를 위한 시설이 요구되며, 뿐만 아니라 주방향을 향하여 자유스러운 조망이 가능하여야 하며, 이는 테라스의 거주성과 관련된다.

 이를 위하여 생각할 수 있는 한 방법은 테라스의 난간을 불투명 소재로 서있는 사람의 눈높이(165cm) 이상으로 높여 아랫집 테라스를 들여다 볼 수 없게 하는 것이나, 이는 테라스를 답답한 공간으로 만들게 되고 테라스와 주호내부로부터의 조망을 제한하게 된다. 특히 좌식생활요소를 포함하고 있는 한국의 생활방식에서는 난간요소가 바닥에 앉는 사람의 눈높이 75cm 이하가 바람직하나 사람이 난간에 바짝 붙어서면 아랫집 테라스를 들여다 볼 수 있게 되므로 시선차단효과는 없게 된다.[31] (그림 47)

그림 47 최소 유효테라스깊이(2.40m)에서 테라스 위에 서있는
사람의 눈높이와 위치의 상관관계 내에서 시선차단시설의 높이와
깊이의 변화

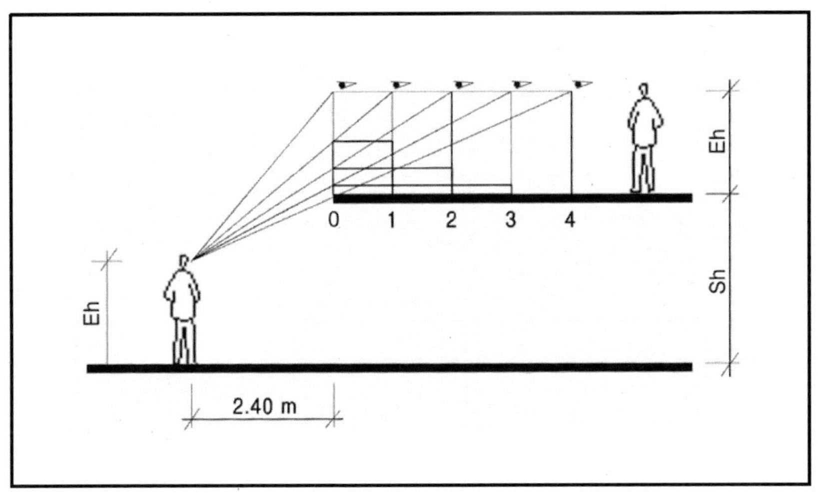

---

31) 한국여성 평균 앉은 눈높이(75cm), 한국남성 평균 눈높이(165cm) 기준.

104

　　따라서 조망도 허용하고 시선차단효과도 가질 수 있는 방법이 모색되어야 하는데 이를 모두 가능하게 하는 것이 테라스 가상자리에 화단이나 菜田 같은 ‘시선차단시설’을 두는 방법이다. 그러나 시선차단효과는 단순히 시선차단시설을 둔다고 해서 보장되는 것은 아니며 시선차단시설의 높이, 깊이, 그리고 층고가 적절한 관계에 있을 때 확보된다. (그림 48)

그림 48 위층으로부터 아래층의 시각적 프라이버시 보호를 위한 화단의 높이와 깊이,
그리고 건물의 층고 사이의 관계

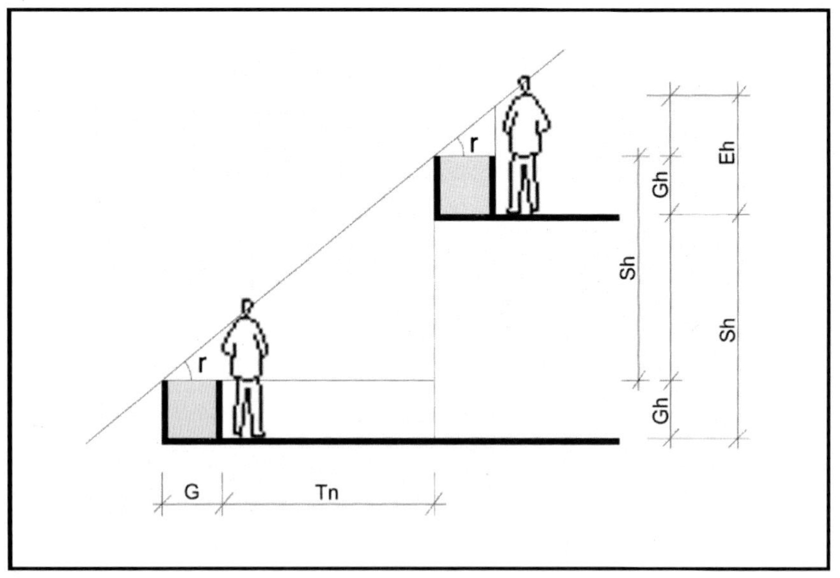

　　그림 47은 최소 유효테라스깊이(2.40m)의 테라스에 서있는 아래층 사람과 위층의 테라스에 서있는 사람의 시각적 상호관계를 보여주는 것으로, 위층의 거주자가 테라스 끝에 서 있으면 거주자의 눈높이만큼 시선차단시설의 높이가 요구된다. 그러나 시선차단시설의 높이를 낮추면 시선의 각도는 감소하고 이에 따른 프라이버시보호를 위해 시선차

단시설의 깊이는 증가된다. 화단이나 菜田으로 상정할 수 있는 시선차단시설의 높이와 깊이는 서로 반비례관계가 있다.

한편 일반적으로 시설차단시설의 깊이(G)는 다음의 식으로 구할 수 있다.[32]

$$G = \frac{T(Eh - Gh)}{Sh} \qquad (1)$$

그러나 이 식은 최소테라스깊이와 유효테라스깊이(Tn)를 고려하지 않고 있으므로 한계가 있으나 이 식은 다음과 같은 유효테라스깊이를 고려한 시선차단시설깊이(G)를 구할 수 있는 식을 만드는 데는 활용할 수 있고, 그렇게 얻어진 공식은 테라스하우스를 계획할 때 의미 있게 사용될 수 있다.

$$G = \frac{Tn(Eh - Gh)}{Sh - Eh + Gh} \qquad (2)$$

T: 테라스깊이
Tn: 유효 테라스깊이
G: 시선차단시설깊이(화단깊이)
Gh: 시선차단시설높이(난간, 화단높이)
Sh: 층고
Eh: 눈높이

---

32) Neufert, Bauentwurfslehre, Vieweg Verlag, 34. überarbeitete Auflage, 1996, p.269.

그림 49 최소 테라스깊이에서 시선차단시설의 깊이와 높이
사이의 상호관계

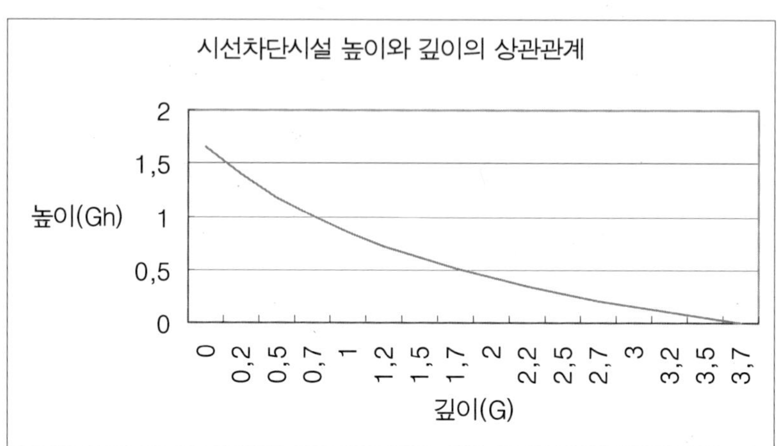

층고(Sh) 2.70m에서 시선차단시설의 수직적 높이(Gh)와 수평적인 깊이(G)사이의 기능적 상호관계는 그림 49와 같은 다이아 그램으로 나타난다.

최소시선차단시설의 깊이(G_{min})는 최대의 허용 시선차단시설의 높이(Gh), 즉 눈높이에 따라서 다르게 나타난다. 이로부터 유도된 '최소 테라스깊이'(T_{min})와 최소 유효테라스깊이($Tn_{min}=2.40m$)는 모든 평면유형(ㅡ, ㄱ, T, I자형)에 해당한다. 그리고 각각의 기본유형의 최소 테라스깊이(T_{min})는 각 유형에서의 '최대' 적층각도가 된다. 이것은 또한 위·아래 住戶의 겹침깊이(X)가 최대일 경우가 되며 층깊이(De)에서 '최소 테라스깊이'(T_{min})를 뺀 값이 된다.

$$X_{max} = De - (\ G_{min} + Tn_{min}) \qquad (3)$$

$$T_{min} = G_{min} + Tn_{min}$$

$$T_{min} = k(\text{상수})$$

최소테라스깊이(T_{min})로 구해지는 k값은 다음과 같은 계산에 의하여 구해지며 좌식을 기준으로 할 때 3.6m, 입식을 기준으로 할 때 3.16m 이 된다. 그리고 이 값은 여기서 취급하는 모든 평면유형에서 같이 나타난다.

(1) 좌식일 경우

성인 여성이 실내의 바닥에 앉아 있을 경우로 눈높이 Eh1(0.75m)은 테라스 너머의 자연을 자유스럽게 조망하도록 허용되어야 한다. 따라서 Gh1=0.75m이다.

$$G_{min} = \frac{2.40(1.65 - 0.75)}{2.70 - 1.65 + 0.75} = 1.20m$$

$$T_{min} = 1.20 + 2.40 = 3.60m$$

(2) 立式일 경우

성인 여성이 실내의 소파에 앉아 있을 경우로 눈높이 Eh1(1.00m)은 테라스 너머의 자연을 자유스럽게 조망하도록 허용되어야 한다. 따라서 Gh1=1.00m이다.

$$G_{min} = \frac{2.40(1.65 - 1.00)}{2.70 - 1.65 + 1.00} = 0.76m$$

$$T_{min} = 0.76 + 2.40 = 3.16m$$

4.2.4 평면유형별 적용가능한 적층각도범위

여기서 대상으로 삼는 4개의 기본평면유형은 3장5절에서 설정된 4개의 기본평면유형으로 층깊이(De)는 9.00m에서 16.00m 사이에 있다(층고 2.70m를 기준). 최소 적층각도는 좌식과 입식사이에 차이가 없으며, 최대 적층각도에서는 차이가 난다.

단위주호의 최소적층각도(γmin)는 住戶 건물부분의 중첩이 0인 경우, 즉 밀집 간격이 0일 경우로, 다음 식에 의하여 알 수 있다.

$$\tan \gamma_{min} = \frac{Sh}{T} \text{ (밀집 간격=0일 경우)} \qquad (4)$$

I자형(16m)은 테라스의 깊이가 가장 크므로 가장 작은 경사각도를 이룬다. 그러므로 I자형 유형에서 최대와 최소적층각도를 파악하면 여러 유형 중 가장 큰 적층각도의 범위를 파악할 수 있으므로 I형에 대한 최대와 최소적층각도를 점검하고 나머지 유형에 대하여는 그 결과만을 제시하기로 한다.

I자 유형(Sh=2.70m, T=16.00m)에서 최소적층각도는 다음과 같다.

$$\tan \gamma_{min} = \frac{2.70}{16.00}$$

$$\gamma_{min} = 10_{\circ} = \beta_{min}$$

단위주호의 최대 적층각도는 최소 테라스깊이일 경우로 다음 식으로부터 얻을 수 있다.

$$\tan \gamma_{max} = \frac{Sh}{T - x_{max}} \qquad (5)$$

I자 유형(Sh=2.70m, T=16.00m, x_{max}=12.40m)에서 최대 적층각

도는 좌식에서의 눈높이와 입식에서의 눈높이를 기준으로 할 때의 결과가 다르므로 다음과 같이 구분하여 파악해 볼 필요가 있다.

표 25 I자유형의 적절한 적층각도 범위

평면 유형	배치 형태	적절한 적층각도범위	적용조건
I자형			폭(B)=10.00m 총깊이(De)=16.00m 층고(Sh)=2.70m 건축면적=160㎡

$$\text{坐式}: \quad \tan \gamma_{max} = \frac{2.70}{16.00 - 12.40}$$

$$\gamma_{max} = 37°$$

$$\text{立式}: \quad \tan \gamma_{max} = \frac{2.70}{16.00 - 12.84}$$

$$\gamma_{max} = 41°$$

I자유형의 최대와 최소 적층각도를 분석한 결과를 정리하면 표 25와 같다. 그리고 이와 같은 방법으로 각 평면유형별 최대와 최소 적층각도를 분석한 결과는 표 26과 같이 나타난다.

표 26 ㄱ자/─자 유형의 적절한 적층각도 범위

평면 유형	배치형태	적절한 적층각도범위	적용조건
ㄱ 자형	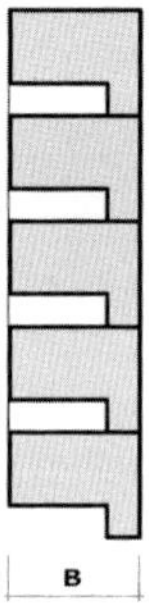	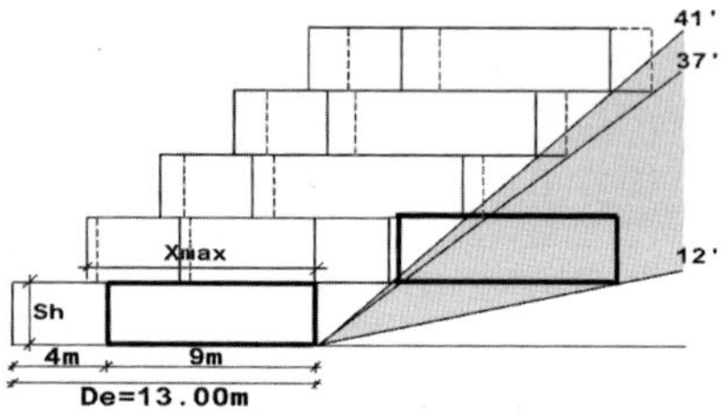 Xmax, Sh, 4m, 9m, De=13.00m, 41', 37', 12'	폭(B) =16.00m 총깊이(De) =13.00m 층고(Sh) =2.70m 건축면적 =160㎡
─ 자형	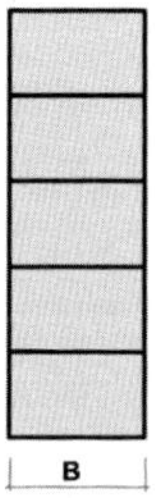	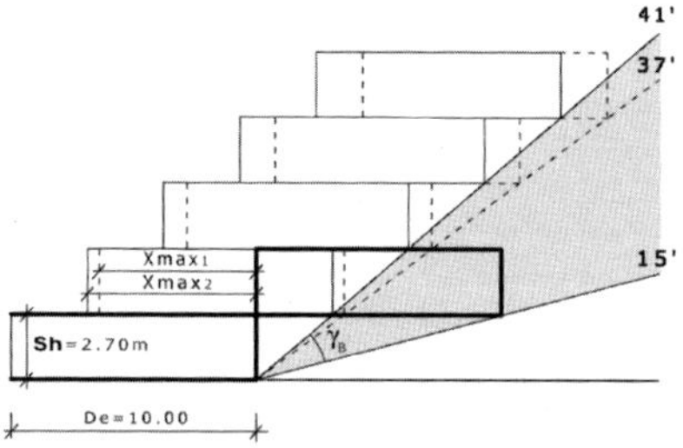 Xmax₁, Xmax₂, Sh=2.70m, γ_B, De=10.00, 41', 37', 15'	폭(B) =16.00m 총깊이(De) =10.00m 층고(Sh) =2.70m 건축면적 =160㎡

4.2.5 적층각도에 따른 시선차단시설 깊이의 변화

테라스하우스 부지 내에서 적층각도가 변하지 않는 한 각 단위주호의 테라스에서의 시선차단시설깊이와 이용 가능한 유효테라스깊이간의 관계는 일정하다. 유효테라스는 사람이 서서 활동할 때 이웃 테라스(주로 윗집의 테라스)에 시각적으로 노출되지 않고 단위주호의 주방향에 면한 장소를 의미한다. 유효테라스깊이는 앞에서 나타나듯이 적층각도와 평면유형에 따라 차이가 있다. 각 평면유형 간 유효테라스깊이의 차이는 좌식과 입식에서의 눈높이에 따라 그림 50, 그림 51과 같이 도식화 할 수 있고 이들을 통하여 각 유형별 유효테라스깊이와 시선차단시설깊이의 비례를 개략적으로 파악할 수 있고 이 두 길이의 합(=Tn+G)은 총 테라스의 깊이이므로 유형별 총 테라스의 깊이를 비교해 볼 수 있다.

그림 50 평면유형별 시선차단시설의 깊이와 유효테라스깊이관계도
(좌식 눈높이 기준)

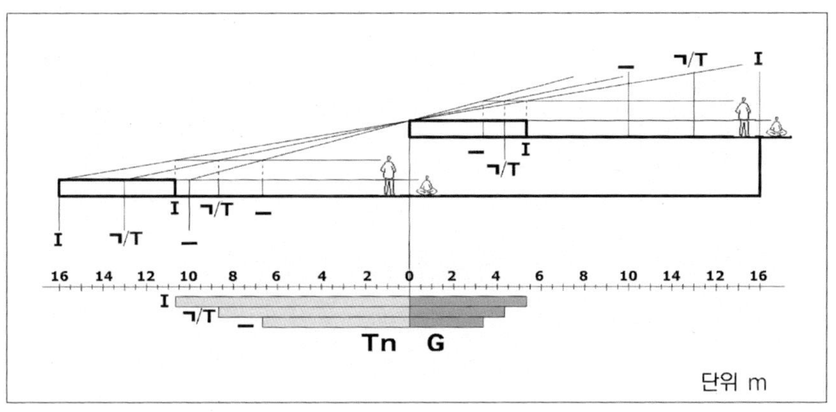

그림 51 평면유형별 시선차단시설의 깊이와 유효테라스깊이관계도
(입식 눈높이 기준)

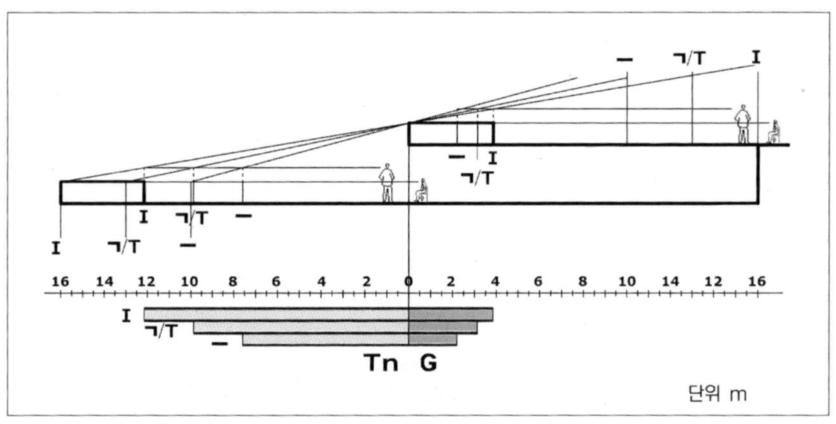

두 그림을 비교하면 시선차단시설의 높이는 실내에서의 눈높이에 따라 결정되며 앞에서도 언급되었듯이 높이가 증가하면 깊이는 반비례하여 짧아짐을 확인할 수 있고, 입식의 경우 좌식의 경우보다 시선차단시설의 높이가 상승됨으로 그 깊이는 짧아지고 또한 활용가능한 유효테라스가 넓어진다.

4.2.6 적정 유효테라스깊이의 비례관계

시선차단시설의 높이가 정해지면 시선차단시설의 깊이는 앞에서 보았듯이 전체 테라스깊이로부터 산정할 수 있다. 또한 시선차단시설의 깊이와 유효테라스깊이를 합한 테라스의 깊이가 적절한 범주 내에서 계획될 때 거주자는 테라스를 의미 있게 활용할 수 있다. 지금까지의 각 요소들의 관계분석과 그림 51과 52를 통하여 또 하나 주목되는 것은 각 요소 간에 일정한 규칙이 작용한다는 것이며, 유효테라스의 깊이와 시선차단시설깊이 사이에는 일정한 비례관계에 있다는 것이다.

표 27은 테라스가 없는 경우와 허용될 수 있는 최소와 최대한의 테라스깊이를 갖는 경우를 보여준다.

기본평면유형의 분석에서 허용되는 최대 테라스깊이가 산정될 수 있고 중요한 것은 최소 테라스깊이의 결정이다. 테라스의 이용 가능한 최소 유효 테라스깊이는 모든 경사도에서 차이가 없이 같다. 최소 활용테라스깊이 Tn_{min} 는 2.4m이다. 테라스의 최대 유효 테라스깊이는 $D=0$ 에서 성립된다. 이는 층고(Sh), 테라스깊이(T=층깊이), 시선차단시설깊이(G=화단깊이), 시선차단시설높이(Gh=화단높이), 그리고 평면유형에 따라서 다르다.

표 27 단위주호의 테라스깊이와 적층사이의 관계

비 테라스	허용최소 깊이	허용최대깊이

각각의 기본평면유형들에서 최대 이용 가능한 유효테라스깊이(Tn)는 식1을 발전시킨 다음의 식6으로 구한다.

$$Tn = T - \frac{T(Eh - Gh)}{Sh} \qquad (6)$$

그림에서 도식적으로 인식할 수 있었던 각 유형별 비례관계는 이 식을 통하여 구체적으로 점검할 수 있고 그 결과는 표 28에서와 같이 수치적으로 확인된다. 이에 따르면 테라스에서 시설차단시설깊이와 유효테라스깊이의 비는 좌식과 입식에서 모든 유형에 동일하게 각각 대략 1:2, 그리고 1:3의 비율로 형성된다.

표 28 건물유형별 최대 테라스깊이(단위 m)

	평면유형	최대 테라스깊이	최대시선 차단시설깊이	최대유효 테라스깊이
坐 式	—자형 ㄱ자, T자형 l 자 형	10 13 16	3.30 4.30 5.30	6.70 8.70 10.70
	비례	3	1	2
立 式	—자형 ㄱ자, T자형 l 자 형	10 13 16	2.40 3.15 3.85	7.60 9.85 12.15
	비례	4	1	3
<적용조건>		· 층고(Sh)　　　　　　 : 2.70m · 눈높이(Eh)　　　　　 : 1.65m · 시선차단시설높이(Gh): 0.75m(좌식) · 시선차단시설높이(Gh): 1.00m(입식)		

4.2.7 건설된 사례에 적용

국내에 건설된 사례 중에서 부산 망미동 주공테라스하우스와 건설
중인 용인 신갈 주공 테라스하우스에서 시선차단시설과 유효테라스깊
이의 관계를 앞에서 언급한 공식

$$G = \frac{Tn(Eh - Gh)}{Sh - Eh + Gh}$$

과

$$Tn = T - \frac{T(Eh - Gh)}{Sh}$$ 을 사용하여 살펴본다.

T: 테라스깊이

Tn: 유효 테라스깊이

G: 시선차단시설깊이(화단깊이)

Gh: 시선차단시설높이(난간, 화단 높이)

Sh: 층고

Eh: 눈높이

표 29 선정된 테라스하우스의 평면

건물명	부산 망미동 주공아파트	서울 홍제동 공익빌라
평면		욕실 / 지하실 / 다용도실 / 침실 / 주방 및 식당 / 현관 / 거실 / 침실 / 테라스

(1) 부산 망미동 주공 테라스하우스

건설된 테라스하우스의 시선차단시설과 테라스, 그리고 층고의 단면 상황은 다음과 같다.

그림 52 부산 망미동 테라스하우스 단면(단위: mm)

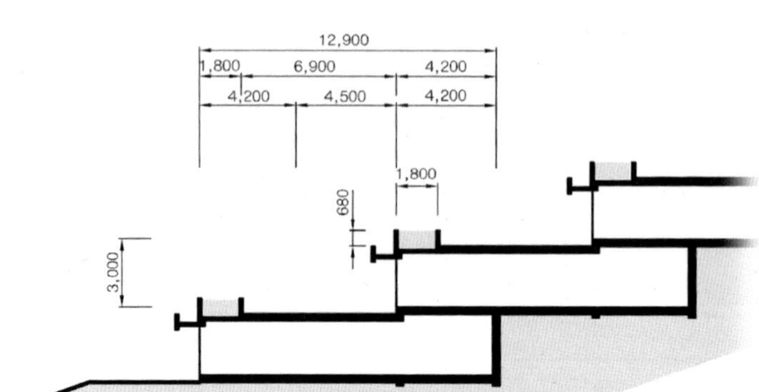

유효 테라스깊이(Tn): 6900mm

시선차단시설깊이(G): 1800mm

시선차단시설높이(Gh): 680mm

층고(Sh): 3000mm

눈높이(Eh): 1650mm(성인 남성 평균 눈높이)

성인 여성이 실내의 바닥에 앉아서 테라스 너머의 자연을 자유스럽게 조망하려면, 시선차단시설의 높이는 눈높이 750mm 이하가 되어야 한다. 여기에서 시선차단시설높이는 680mm로 시선의 장애를 주지 않고 있다.

유효테라스에서 최소의 활동이 이루어지려면 약 2400mm의 깊이가 요구되는데 6900mm로 충분한 깊이를 갖고 있다.

그러면 아래층의 유효테라스깊이 6900mm가 위층으로부터 시각적 보호를 받으려면, 위층의 시선차단시설깊이는 어느 정도 되어야 하는가는 다음의 공식에 대입하여 산정할 수 있다.

그림 53 망미주공 시선침해 관계

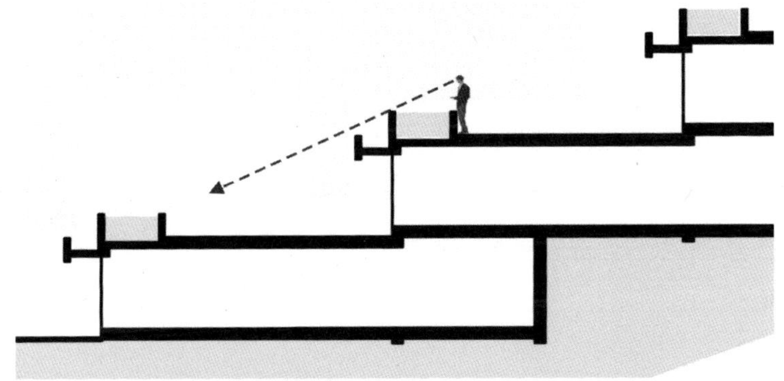

$$G_{min} = \frac{6900 \times (1650 - 680)}{3000 - 1650 + 680} = 3297mm$$

이에서 나타난 것처럼 약 3300mm 이상이 되어야 아래층의 테라스의 전체가 위층으로부터 시각적으로 보호될 수 있다. 그러나 여기에서 설치된 시선차단물깊이는 1800mm로 충분하지 못하고 있다. 그러면 적정한 시선차단시설과 유효테라스의 관계는 얼마가 되어야 하는가는 다음과 같이 구할 수 있다.

시선차단시설의 높이가 정해지면 시선차단시설의 깊이는 전체 테라스깊이로부터 산정할 수 있다. 또한 시선차단시설의 깊이와 유효테라스 깊이를 합한 테라스의 깊이가 적절한 범주 내에서 계획될 때 거주자는 테라스를 의미 있게 활용할 수 있다. 이는 다음의 식으로 적정한 유효 테라스의 깊이를 산정할 수 있다.

$$Tn = T - \frac{T(Eh - Gh)}{Sh}$$

$$Tn = 8900 - \frac{8900 \times (1650 - 680)}{3000}$$

$$= 6022\text{mm}$$

식으로부터 유효테라스깊이는 약 6022mm가 적정하며, 시선차단시설 깊이는 전체 테라스깊이 8900mm에서 이를 빼면 2878mm가 되어야 할 것이다.

따라서 망미 주공 테라스하우스의 테라스는 위층으로부터 시각적으 로 충분히 보호되지 않고 있다.

(2) 서울 홍제동 공익빌라

건설된 테라스하우스의 시선차단시설과 테라스, 그리고 층고의 단면 상황은 다음과 같다.

그림 54 서울 홍제동 공익빌라 단면(단위: mm)

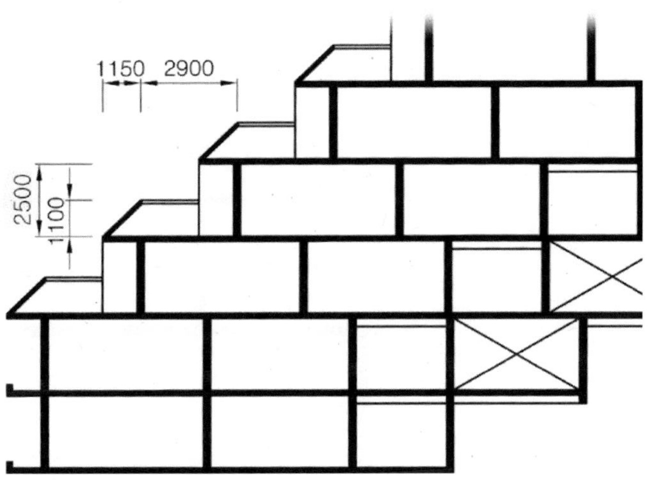

유효 테라스깊이(Tn) : 2900mm

시선차단시설깊이(G) : 1150mm

시선차단시설높이(Gh) : 1100mm

층고(Sh) : 2350mm

눈높이(Eh) : 1650mm(성인 남성 평균 눈높이)

성인 여성이 실내의 바닥에 앉아서 테라스 너머의 자연을 자유스럽게 조망하려면, 시선차단시설의 높이는 눈높이 750mm 이하가 되어야 한다. 여기에서 시선차단시설높이는 1150mm로 시선의 장애를 주고 있다.

유효테라스에서 최소의 활동이 이루어지려면 약 2400mm의 깊이가 요구되는데 2900mm로 충분한 깊이를 갖고 있다.

그러면 아래층의 유효테라스깊이 2900mm가 위층으로부터 시각적 보호를 받으려면, 위층의 시선차단시설깊이는 어느 정도 되어야 하는가는 다음의 공식에 대입하여 산정할 수 있다.

그림 55 공익빌라 시선침해 관계

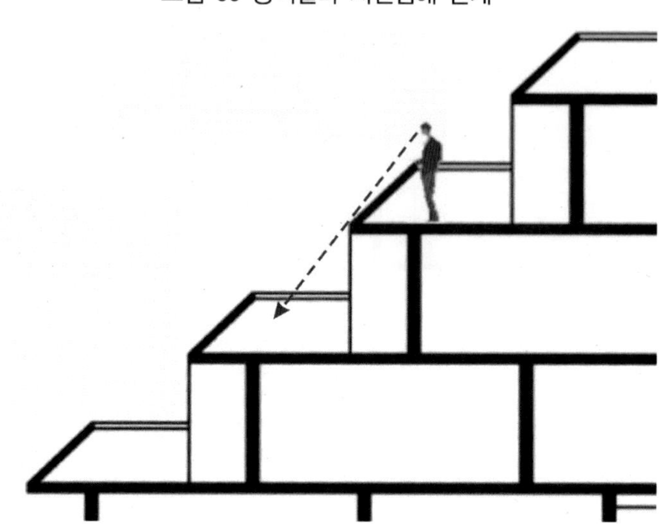

$$G_{min} = \frac{2900 \times (1650 - 1100)}{2500 - 1650 + 1100} = 818\text{mm}$$

이에서 나타난 것처럼 약 820mm 이상이 되어야 아래층의 테라스의 전체가 위층으로부터 시각적으로 보호될 수 있다.

그러나 여기에서 설치된 시선차단물깊이가 1150mm이나 삼각형태로 이루어져 있으므로 그림 55에 나타나는 것처럼 기능을 충분히 수행할 수 없다.

그러면 높이 1100mm의 사각형 형태의 시선차단시설물을 설치한다면, 시선차단시선시설깊이와 유효테라스의 관계는 얼마가 되어야 하는가는 다음과 같이 구할 수 있다.

$$Tn = T - \frac{T(Eh - Gh)}{Sh}$$

$$Tn = 4050 - \frac{4050 \times (1650 - 1100)}{2500}$$

$$= 891mm$$

식으로부터 유효테라스깊이는 약 891mm가 적정하며, 시선차단시설 깊이는 전체 테라스깊이 4050mm에서 이를 빼면 3159mm가 되어야 할 것이다.

따라서 홍제동 공익빌라의 테라스는 위층으로부터 시각적으로 충분히 보호되지 않고 있다.

4.3 적층규모와 접근로 길이

4.3.1 경사지테라스하우스의 도로체계와 용어

건설교통부의 '도로의 구조·시설기준에 관한 규정 해설 및 지침'에 의하면 도로의 체계는 주간선도로(主幹線道路), 보조간선도로(補助幹線道路), 집산도로(集散道路), 그리고 국지도로(局地道路)의 4단계로 구분되고 있다.

김철수[33]는 주거단지의 도로위계를 간선도로, 집산도로, 국지도로로 나누고 접근로(接近路)도 국지도로의 하나로 취급하고 있다. 그에 의하면 간선도로는 교통량도 많고 교차점도 상당한 간격을 두고 설치되며 연도의 이용도가 높고 차량유입도 제한되는 도로를 말하고, 집산도로는

---

33) 김철수, 단지계획(주거환경계획의 이론과 기법), 기문당, 1994, p.173-175.

단지내의 중심도로로서 특별한 작은 단위의 활동이 일어나는 곳이며
이 도로에 국지도로(또는 접근로)가 연결된다고 설명하고 있다.

그림 56 경사지 도로체계도

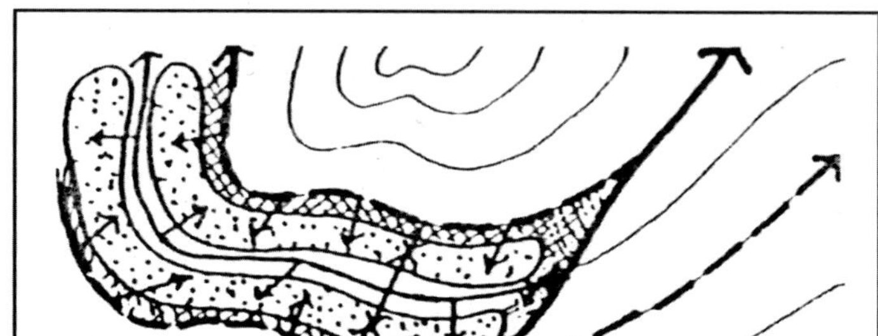

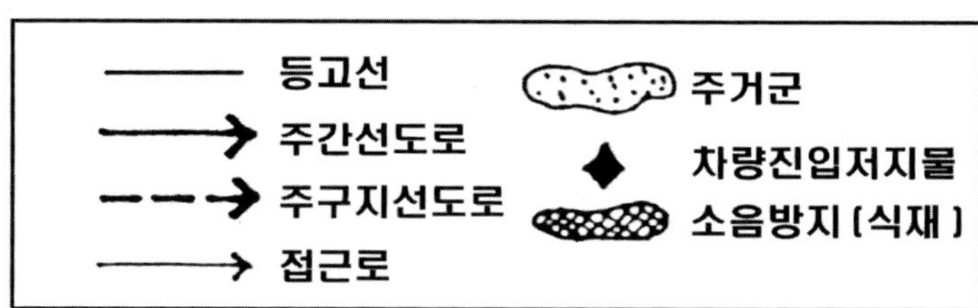

(출처: 박준영, 정무웅, 경사도와 중복비를 고려한 주거계획에 관한
연구, 대한건축학회논문집,1993년 5월, p.27)

다른 한편 박준영·정무웅[34]은 '경사지' 주거에 관한 도로체계를 그
림 56과 같이 주간선도로(主幹線道路), 주구지선로(住區支線路), 접근로
(接近路) 등 세 위계로 구분하고 있으나 접근로의 성격에 대한 자세한
설명은 없다.

---

34) 일반적인 테라스하우스는 경사 10°-41°범위 내에서 건설됨으로 이 경사를 따라
    서 건설된 경사로(ramp)나 도로는 보행이나 차량통행이 어려워 계단을 건설하
    게 된다.

몇몇 도로체계의 분류에서 '접근로'를 하나의 위계로 구분하고 있으나 대개 일반적인 구분으로서 경사지 테라스하우스의 특성을 고려한 접근로에 대한 정의는 지금까지 구체적으로 내려진 바 없다.

이와 같이 각 분류에는 단계와 호칭에 있어서 다소의 차이가 있다. (표 30참조) 본 연구에서는 경사지를 대상으로 한 박준용/정무웅 분류 체계를 따라 용어를 사용하기로 하며 경사지 테라스 주거에서는 무엇보다도 마지막 두 하위도로체계와 직접적인 관계가 있으므로 이 두 용어에 대하여 다음과 같이 그 의미를 좀더 구체화하여 사용하고자 한다.

표 30 도로체계 구분사례

구분자	구 분			
건설교통부	주 간선도로	보조 간선도로	집산도로	국지도로
김철수	간선도로		집산도로	국지도로 또는 접근로
박준영/ 정무웅	주간선도로		주구지선로	접근로

1) 주구지선로는 간선도로에서 경사지 테라스하우스 단지에 접속되는 도로로서 접근로가 집산되는 도로를 말한다. 경사지 테라스하우스에서 주구지선로는 여건에 따라 단지의 상·하부 두 곳에 두거나, 하부 또는 상부 한곳에 두며, 경사의 길이가 길 경우 상·하 중간에(도) 둘 수 있다.(표 31 참조)

2) 접근로는 주구지선로에서 개개의 주호에 이르는 길을 말하며 램프, 계단(경우에 따라 사행(斜行)엘리베이터 포함), 수평보행로 등으로 형성되는 길로서, 경사지 테라스 하우스에서는 특성상 차량통행이 배제된 보행자 도로가 된다.[35](그림 57 참조)

그림 57 접근로 사례(Brugg, 스위스)

4.3.2 주구지선로

테라스하우스에서 주구지선로는 기존의 간선도로망에 團地의 교통을 연결하는 것으로, 하나 또는 그 이상의 접속도로로 구성된다. 이 접속도로는 團地 내에서 전체적으로 안전하고 조용한 團地交通을 이루어야만 한다. 테라스하우스는 경사지에 위치함으로 대규모의 단지를 조성하기에는 어려우며 중·소규모의 단지를 이룬다.

경사지에서 도로건설은 평지의 도로계획과는 다르게 대지의 경사도가 증가하면 할수록 어려움이 따른다. 대지의 상황에 따라서 주구지선로는 기본적으로 다음의 3종류 혹은 이들 간의 복합으로 이루어지고 있다.

---

35) 영어에서의 access road, 독일어의 Erschließungswege의 의미로 사용한다.

1) 경사하부도로: 경사면하부의 평지를 따라 건설
2) 경사내부도로: 경사면을 따라 오르면서, 그리고(또는) 따라 내리
면서 건설
3) 경사상부도로: 경사면상부의 테라스나 등선 따라 건설

표 31 경사지 테라스하우스에서의 주구지선로의 위치유형

주구지선로의 위치	단 면
단지 상부에 두는 경우	
단지 상·하부에 두는 경우	
단지 내부에 두는 경우	
단지 하부에 두는 경우	

스트리클러(Strickler)의 경사지의 주택에 관한 연구보고서에 의하면 스위스에서 경사하부 혹은 경사상부에 있는 주구지선로의 규모는 도시계획도로의 기준에 따르나 조밀한 관계에서는 축소시킬 수 있으며, 조밀한 관계는 건축부지 내에서 주구지선로가 진행될 경우를 나타낸다.

126

여기에서 축소된 도로규모의 적용은 경제적으로 대지 사용과 대지에
건물의 배치가 쉬워지므로 장점을 갖는다. 급경사지는 작은 수평적 면
과 건설에 많은 구조적 방해요소들을 주는 경사면을 이루기 때문에, 어
느 정해진 경사도 이상에서는 축소된 도로규모의 사용이 가능하다. 이
로부터 도로의 안전을 위하여 접속되는 건물에 도로를 건설할 것이 미
리 주어져야 한다[36]고 기술하고 있다. 이는 도로와 건축물이 서로 통합
적으로 건설되는 것을 의미하며, 즉 차고와 주택건축물, 그리고 도로가
서로 구조적, 기능적, 그리고 건축적으로 조화를 이루어야 한다. 이것은
단지의 건설에서 기술적인 면뿐만 아니라 조형적인 면에서도 다음과
같은 장점을 갖게 된다.

1) 이것은 고밀화(高密化)를 가능하게 한다.
2) 단위주호의 아래에 터널을 형성하여 도로로부터 오는 소음을 최
   소로 제한 가능하다.[37]
3) 보차분리(步車分離)가 쉽게 이루어진다.
4) 도로는 건물 건설의 범주 내에서 계획되고 건설될 수 있으며, 시
   공에서 다음의 사항을 장점으로 갖는다:
   ① 기존의 현장시설 사용
   ② 건축물과 도로가 동시에 완성됨으로 이에 따라 선투자(先投
      資)의 비용요소 제거
   ③ 단일 공사과정

일반적으로 경사지의 도로건설은 가능한 절토량(切土量)이 성토량
(盛土量)보다 많도록 도로망이 계획되어야 하며, 그리고 단위주호는 도

---

36) Strickler, Wohnbebauung in hanglagen, Forschungsbericht im Auftrag des
    ORL - Instituts ETH - Zürich, 1969, p.16.
37) Ludwig Schreiber, Lärmschutz im Städtebau, Bauverlag, 1970, p.62.

로의 원활한 교통망만을 위하여 구조적, 그리고 기능적으로 도로보다
하위개념(下位槪念)에 있어서는 안 된다. 차도 또는 도보로(徒步路) 아
래의 공간은 설비와 2차 도로면 혹은 차고를 위하여 예비하여 두고, 다
른 한편으로 각각의 단위주호에는 구조적, 그리고 건설시공에서 가능한
일정한 하중이 걸리도록 하여야 할 것이다.

경사지의 도로의 실제적 능력에 관하여 한 연구[38]는 집산도로의 경
우와 국지도로의 경우로 구분하여 표 31과 같이 나타냈으며, 여기에서
8항의 수치는 아래의 가정 하에서 시행되었다.

1) 자동차 소유 수: 1.5대/세대
2) 단지의 유니트에서 모든 자동차의 70%가 단지 밖으로 나가는 데
   걸리는 최대 시간: 1 시간
3) 간선도로망에 연결되는 두 곳의 교통량을 동일하게 분배
4) 전체 交通에서 승용차의 비: 95%

표 32 차선단면의 실제적 능력

	1	2	3	4	5	6	7	8
	연결도로의 종류	연결	도로의 위치	차선 수	차선 폭 (m)	도로의 최대 길이(m)	실제적 능력 (승용차 수/시간)	연결된 단위주호의 수
a	집산도로	2	경사면 내	2	6.5		750	1400
			하부/상부		7.5		900	1700
b	국지도로	1	경사면 내		6.0	100–300	400–600	150 까지
			하부/상부		6.5			300 까지

(출처: Werner Schnabel/Dieter Lohse, Grundlagen der Strassenverkehrstechnik und Strassenverkehrsplanung, Verlag für Verkehrswesen, 1980, 2. Aufl.(62쪽, 92 – 94쪽)

---

38) Werner Schnabel/Dieter Lohse, 도로교통기술 및 도로교통계획(Grundlagen der Strassenverkehrstechnik und Strassenverkehrsplanung), Verlag für Verkehrswesen, 1980, 2. Aufl.

여기에서 W. Schnabel은 단지의 주구지선로는 기능적인 이유로 최소한 2곳 이상 간선도로망에 연결되어야 하며, 또한 건축부지가 국지도로(局地道路)에 연결되어 있다면, 그 길이는 100m 이하가 적정하며 300m 이상은 회피되어야 한다고 하고 있다.

본 연구에서 추구하는 경사지 테라스하우스는 중·소규모로 건설되기 때문에 국지도로에 연결되는 경우를 기준으로 삼는 것이 합리적이라 여겨진다.

독일의 접속도로에 관한 규정[39]에 의하면 거주자 도로가 근본적으로 원활한 교통유통을 이루려면, 2대의 화물차가 통과할 수 있는 최소한 5,5m 이상의 차선 폭[40]이 요구된다. 따라서 경사지의 지형상황과 단지의 규모에 따라서 최소한 5,5m까지 가능하지만 도로 능력의 감소는 연결되는 단위주호 수의 감소를 가져온다. 따라서 5.5m의 차선폭은 소규모의 단지에서 사용하는 것이 적합하리라 본다.

4.3.3 접근동선 및 주차시스템

경사지 테라스하우스 단지에 사용되는 도로규모는 도로의 종류, 도로의 접속과 예상되는 도로 교통량에 따라서 결정된다. 주구지선로는 경사주거단지의(조용한) 저속 교통을 위한 조처와 연계되어야 한다. 어느 경사도 이상이 되면 충분한 크기의 주차장이 건축대지에 확보될 수 없으며 주구지선로에 직접적으로 접한 주변으로 집중된다. 쮜리히 대학교 지역계획연구소는 경사지 도로에서 주차시설을 잘 적합 시켜서 원활한 교통체계를 위하여 도로의 중심으로부터 건축물 및 경사선까지 간격을 도로의 위치에 따라서 구분하고 있다. '하부도로에서 경사대지에 주차시

---

39) Die Empfehlung für die Anlage von Erschliessungsstrassen(EAE 85).
40) Hangarter, Bauleitplanung, Werner-Verlag, 4. Aufl., 1999, p.105.

설을 잘 적합 시키려면 도로중심에서 경사선 하부까지 약 15m 혹은
20m 간격이 필요하며, 개별적 차고일 경우 차고까지 15-18m 거리를,
주차홀일 경우에는 경사도에 따라서 30%에서 약 15m, 60%에서 8m,
그리고 90%에서 6m를 추천하고 있다. 20-25%를 넘는 경사도의 대지
의 상부도로는 건축물의 일부분에 의해서 적합하게 구성될 수 있다.'[41]
고 표 33과 같이 나타내고 있다. 여기에서 도로부터 주차장까지 최소
6m 이상의 공간을 요구하고 있다. 본 연구에서 이를 주차구역이라 명
명한다.

---

41) B. Huber, Empfehlungen für die Beurteilung, Zonung und Überbauung von
    Hanglagen, Institut für Orts_, Regional_ und Landesplanung der ETHZ,
    1976, p.14.

표 33 도로부터 건축물 및 傾斜線까지 간격

경사상부도로	경사내부도로	경사하부도로
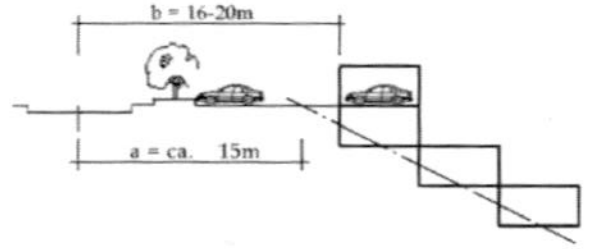 개별차고	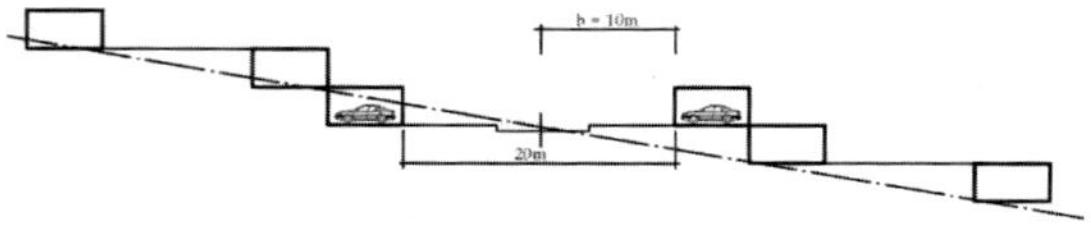 경사도 15%	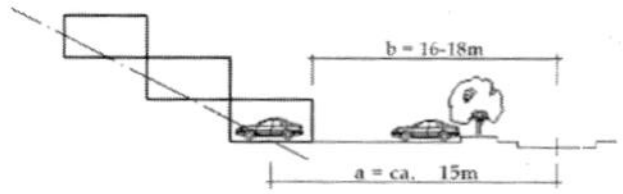 개별차고
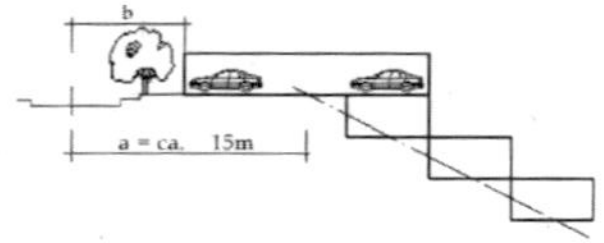 주차홀 b=약 10m 30%에서, 8m 60%	경사도 45% 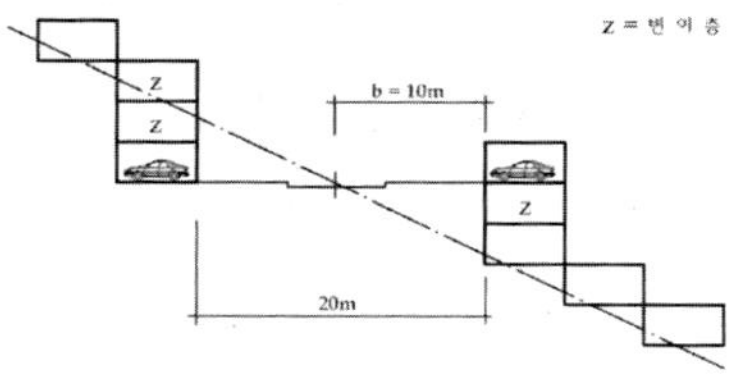	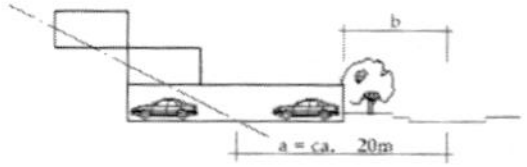 주차홀 b=약 15m 30%에서, 8m 60%, 6m 90%

(출처: B. Huber, Empfehlungen für die Beurteilung, Zonung und Überbauung von Hanglagen, Institut für Orts_, Regional_ und Landesplanung der ETHZ, 1976, 표 5)

　주차시스템은 다음의 기본 시스템과 이들의 상호 복합시스템에 의한 시스템들이 가능하다.(표 34참조)
　　·평지면 위의 주차장 또는 차고
　　·주차 데크
　　·주차건물 또는 지하차고

　경사지의 상황에 따라서 다음과 같이 단독 또는 복합 사용이 가능하다:
(1) 경사지 상부에 배치된 차고
(2) 경사지 하부의 단위주호의 지붕 위에 배치된 주차장
(3) 경사지 하부의 차고 위에 배치된 주차장
(4) 도로 아래 (1)과 (2)를 복합한 주차 홀
(5) 경사지 안에 주차건물
(6) 주차 데크

표 34 주차 시스템

주차장/차고 	주차 데크 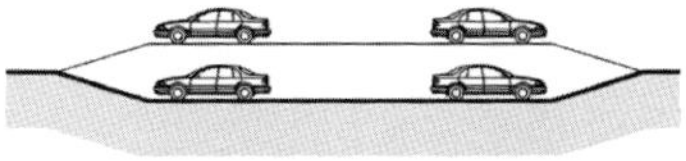
지하차고 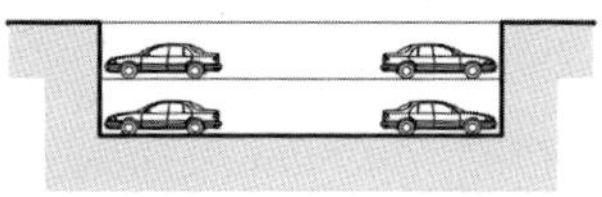	주차건물 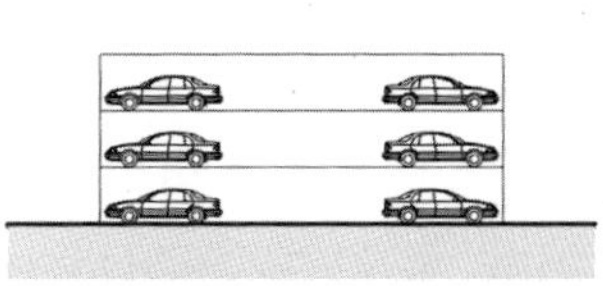

(1)과 (2)를 복합하면: 경사지 상부에 배치된 1층의 차고와 경사지 하부의 단위주호의 지붕 위에 배치된 집합 주차장이 가능하다. 도로가 경사지 상부 또는 하부에 있거나, 표 35의 b처럼 자연적인 테라스地形으로 하나, 또는 다수의 추가적인 주차를 위한 충분한 공간이 주어진다면, 이 주차시스템의 확장이 가능하다.

표 35 단층 주차시스템 확장의 가능성

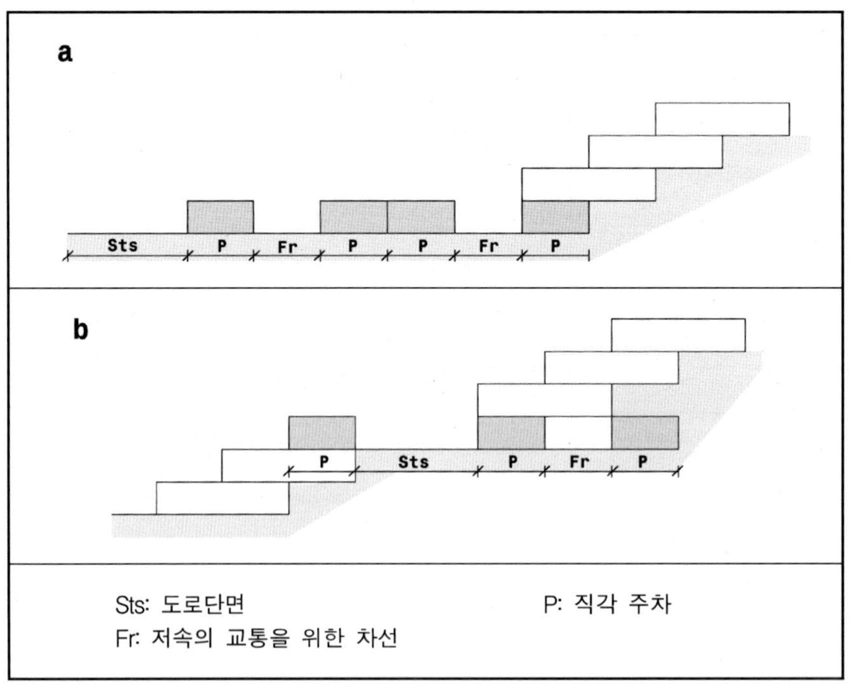

경사지 주거단지에서 차고 및 주차장에 관하여 독일의 바덴-뷔르텐베륵(Baden-Wuerttemberg) 주의 주건설시행령에 의하면 "경사주거단지에서 저속교통의 도입은 지형적인 상황에 의한 좁은 도로의 한계 때문에, 다른 한편으로 각각의 단위주호는 건축대지 위에 있는 차고 또는 주차장을 가지고 있어야 한다."[42]라고 규정하고 있다. 건축대지 위에

건축할 수 있는 단위주호의 수는 건설시스템에 달려 있는 것이 아니라, 경사도 또는 접근동선의 방법과 주차시스템에 달려있다. 주차대수 산정을 위하여 승용차를 직각 주차할 경우 11.5㎡/승용차의 주차면적이 필요하다. 도로 옆면에 승용차의 직각 주차는 주차대수를 최대화할 수 있다. 주차에 (1)과 (2)의 복합적 주차시스템을 선택하면, 경사지 상부와 하부에서 연결되는 접근도로변에 개개의 차고 또는 주차장이 가능하다.

4.3.4 접근로 구성요소와 고려사항

(1) 계 단

접근로에는 경사를 따라 설치되는 계단도 포함되며, 여러 경사도가 함께 존재하는 경사면에서는 계단을 경사에 맞게 적절하게 배치하는 것이 중요하다. 이를 위하여 경사도의 처리는 예를 들면 계단의 폭, 단너비, 그리고 계단참 등의 개개의 계단요소의 변형에 의해서 이루어진다. 표 36은 여러 경사도에서 계단의 가능한 진행배치사례를 보여주고 있다.

---

42) Landesbauordnung von Baden-Württemberg(LBO), (Ges.Bl.S.151).

그림 58 계단 사례(Brugg, 스위스)

　　계단 폭은 일반적으로 연결된 단위주호의 수나 혹은 이용자 수에 달려있지만 테라스하우스에 관한 기준이 설정되어 있지 않으므로 이에 대한 최소 기준치의 설정이 필요하다. 이를 위하여 주거단지 안의 건축물 또는 옥외에 설치하는 계단에서 공동으로 사용하는 계단의 계단 폭은 주택건설기준에 관한 규정[43]에 의하면 최소 1.20m가 요구되고 있다. 그러나 경사지 테라스하우스의 계단은 원칙상 노천계단으로 기후의 영향을 받게 된다. 예를 들면 겨울에 눈이 내린 후 계단의 눈을 옆으로 치어두게 되면 치어둔 눈에 의해서 보행자는 120cm의 계단 전체 폭을 모두 다 사용할 수 없게 된다. 따라서 보행자의 안전을 위하여 최소한 30cm는 추가로 확보되어 최소 150cm의 계단 폭이 되어야 보다 더 효과적으로 이용될 수 있을 것이다.

---

43) 주택건설기준에 관한 규정, 제16조(계단) 1항.

표 36 여러 경사도에서 계단의 진행배치

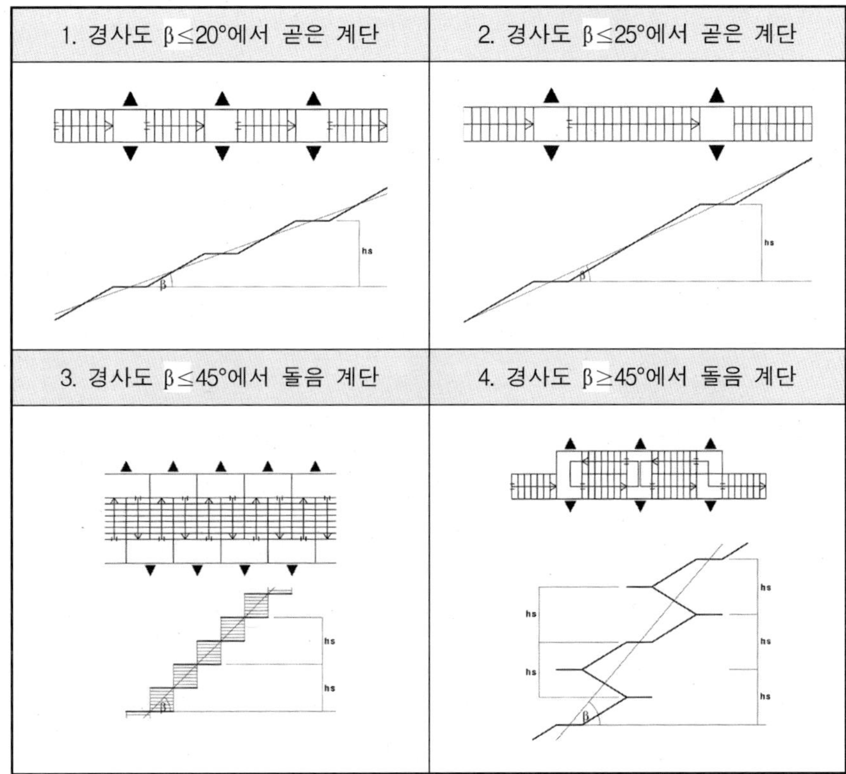

4.3.5 수평 보행로

보행로는 경사를 따라서 전개되는 계단에서 그림 59에서처럼 각 주호를 연결하는, 대체로 등고선에 따라 만들어지는 수평적 접근로이며 각 주호의 배면에서는 복도[44]형태로 형성된다.

배면의 복도는 터널 같기 때문에 충분한 조명이 고려되어야 한다. 따

---

[44] 공동주택의 공용복도는 건축법시행령 제33조의 기준에 의하면 "40미터가 넘는 가운데 복도식 복도는 40미터마다 자연환기가 될 수 있도록 외기에 접하도록" 규정하고 있었지만 1999년 5월 9일 개정으로 삭제되었음.

라서 길고 어두운 복도는 유쾌하지 못한 공간이 되므로 가능한 피해야 하고, 한 쪽 끝 부분이 막혀 있는 복도는 화재 발생 시 피난이 어려워지므로 복도의 최대 길이는 30m를 넘어서는 안 된다.

그림 59 수평보행로 사례(취리히, 스위스)

4.3.6 기계적 승강수단

경사지 테라스하우스에서는 각 집 앞까지 차량을 접근시키기 어렵기 때문에 단지 규모가 크고 한 열에 많은 수의 주거가 적층될 경우 계단의 길이가 길어지고 도보로 극복해야 할 거리가 길어진다. 이 부담을 덜기 위하여 계단 외에 엘리베이터나 에스컬레이터가 설치되어야 사용될 수 있다.

(1) 엘리베이터

엘리베이터가 도입될 경우에는 지형의 경사각도에 따라서 사행(斜

行) 엘리베이터가 되며 그 운행 길이는 경사도에 따라 차이를 갖게 된다. 표 37은 하나의 예로서 동일한 층수 10층, 단위주호의 깊이 10m, 단위주호의 층고 2.7m를 상정했을 때 '최대 테라스깊이'를 가지는 단위주호의 적층형태의 경우와 '최소 테라스깊이'를 가지는 적층형태의 경우에서의 승강로의 길이와 높이의 차이를 보여준다. 또한 테라스형이 아닌 일반 수직형 아파트의 수직승강시설에 대비하여 차이점을 보여주고 있다. 최대 테라스깊이를 갖는 적층형태에서는 경사도가 완만해서 사행 엘리베이터의 승강로 길이는 93m가 되며 수직 엘리베이터 주행거리(상승높이) 24.3m의 약 4배가 된다. 이는 사행 엘리베이터가 같은 높이에 도달하는 데 수직 엘리베이터보다 약 4배의 길이를 더 운행하여야 하고 상대적으로 시간도 더 소요되는 것을 의미한다.

또한 사행 엘리베이터는 수직적 움직임 이외에도 수평적 움직임과도 관련이 있다. 사행 엘리베이터는 운행에 있어서 수평적으로도 관성력 때문에 정차를 할 때 수직 엘리베이터보다 더 많은 정차시간을 필요로 하며, 따라서 일주(一週)시간은 수직 엘리베이터보다 상대적으로 긴 시간이 필요하다.

스위스 취리히 대학 지역계획연구소는 사행 엘리베이터의 적정한 일주시간으로 150-180초를 제시하며, 승강로 길이(기준)가 80m 정도인 경우 2-4개소의 승강장설치를 권하고 있다[45]. 이는 사행 엘리베이터는 수직 엘리베이터보다 긴 대기시간이 필요하기 때문이고, 매 층마다가 서게 하지 않고 몇 개 층마다 한번씩 서게 하여 여러 층이 함께 이용하는 것이 유리함을 의미한다. 사행 엘리베이터는 엘리베이터가 운행하

---

45) Strickler & Christ, Empfehlungen für die Beurteilung, Zonung und Ueberbauung von Hanglagen, 1976, p.16.

는 경사로가 노천에서 노출유무에 따라서 폐쇄형과 개방형으로 구분된다. 개방형은 그림 60에서처럼 샤프트를 축조하지 않으므로 공사비를 감소시킬 수 있으며, 소규모의 경우에 적합하다.

표 37 사행 엘리베이터의 昇降路의 길이와 동일한 층수에서 수직
엘리베이터 상승 높이 사이의 차이비교

구분	개념도(단면)
최대 테라스깊 이일 경우	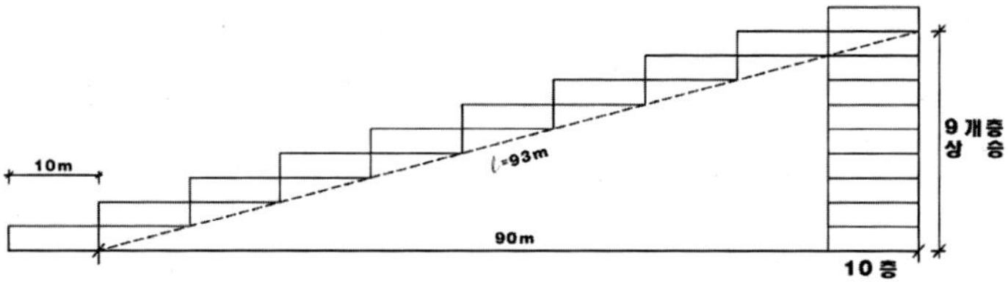 10m, l=93m, 90m, 9개층 상승, 10층
최소 테라스깊 이일 경우	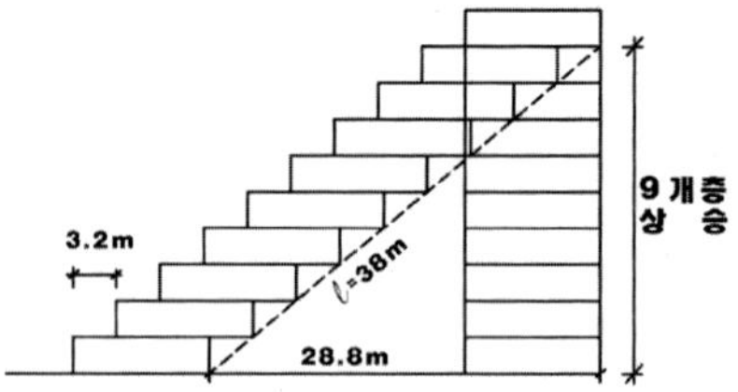 3.2m, l=38m, 28.8m, 9개층 상승

폐쇄형 사행 엘리베이터는 일반 수직 엘리베이터보다 공사비가 많이 들고, 운행시간도 많이 소요되는 편이나 다음과 같은 이점도 있다.

(1) 승강로 내부에 비상계단을 병행하여 설치함으로서 비상시 도피의 통로로 사용이 가능하다(표 38 참조).

(2) 경사진 승강로의 지붕면을 보행계단으로 활용할 수 있다.

(3) 승강로의 상부 경사면을 투명하게 처리하면 승강기 안에서 밖의

조망을 즐길 수 있으며 직접채광으로 밀폐감을 해소할 수 있다.
(표 38 참조)

경사지 테라스하우스에서는 사행(斜行)엘리베이터가 대개 사용되나 경사도가 급한 경우에는 수직 엘리베이터가 사용되기도 한다. 이 경우는 테라스하우스 전면에 설치되거나 가운데 부분에 설치되며 각 주호와의 연결에 긴 복도나 브릿지, 덱크를 필요로 하게 된다. 그러나 급한 경사의 테라스하우스는 가능은 하지만 테라스의 의미를 충분히 살릴 수 없게 되므로 테라스하우스 형을 택하는 본래의 의도와는 거리가 있다.

그림 60 개방형 엘리베이터의 경사로 사례
(Brugg, 스위스)

(2) 에스컬레이터

에스컬레이터는 엘리베이터와는 반대로 대기시간이 없고 일정한 속도로 운행이 가능함으로 경사지의 동선체계에서 이상적인 수송수단으로 여겨질 수 있다. 그러나 이것은 어린아이들과 신체장애자가 이용하기 어렵고, 옥외에 설치될 경우에는 악천후에 노출되므로 고장이 자주 발생하는 단점을 가지고 있어 경사지 테라스하우스에서는 아직 잘 이용되지 않는다.

표 38 폐쇄형 사행 엘리베이터 사례

승강로 외부	승강로 내부

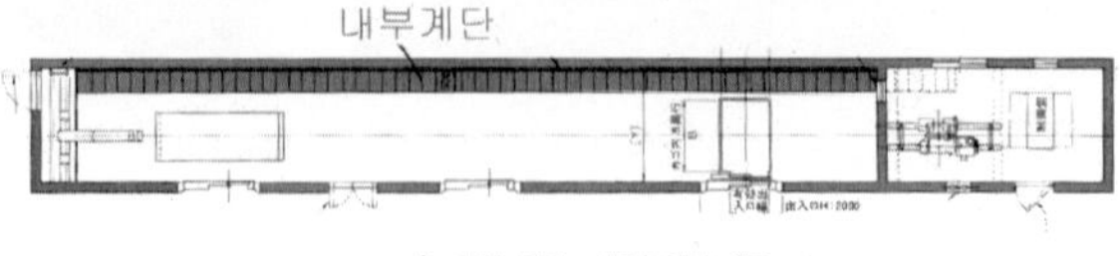 승강로 평면도	

(출처: mitsubishi 제품 카다로그(2000)

4.3.7 접근로의 최대길이

경사지 테라스하우스에서는 주구지선로가 차량에 의하여 접근하는 마지막 도로위계가 되고 여기서부터 도보로 각각의 주호까지는 접근로에 의하여 도달하게 된다. 때문에 접근로는 무제한 길어질 수 없고, 어느 정도를 넘게 되면 거주자는 일상에서 본격적으로 '등산'을 하는 부담을 안게 된다. 그러므로 적층 주호의 수가 많아지면 엘리베이터를 고려하여야 하고, 주구지선로를 추가하는 방법 등으로 접근로의 길이를 줄이는 방법을 모색하여야 하고 법규 등에 기준으로 반영되어야 주거형태의 한 대안으로서 테라스하우스가 바람직한 발전을 하게 된다. 그러나 경사지 테라스하우스에 대한 접근로의 적정한 길이에 대하여 국내에는 특별히 규정된바 없고 다만 '건축계획'[46]에서 60m로 제시하고 있다. 그러나 이것은 특별히 경사지 테라스하우스의 성격을 고려하지 않은 것으로 참조는 할 수 있지만 그대로 적용하기에는 적절하지 않다. 따라서 이 장에서는 외국사례와 현재 주택건설에 적용하는 규정, 그리고 경사지 관계조건을 검토하여 경사지 테라스하우스에 적용할 수 있는 접근로의 길이의 기준을 마련할 필요가 있다.

(1) 적층층수(積層層數)기준

엘리베이터 없이 계단만으로 가능한 건물의 층수는 대개 5층까지이며 국내의 경우도 건축법 제57조(승강기)에서[47] 최대 5층까지로 제한하고 있다. 그러나 스웨덴은 거주자의 편리함을 강조하여 엘리베이터

---

46) 이광노, 송종석, 이정덕, 유희준, 윤도근, 건축계획, 문운당, 1998, p.102.
47) 건축법 제57조(승강기), 1999년 2월 8일 개정, "건축주는 6층 이상으로서 연면적 2천 제곱미터 이상인 건축물에 승강기를 설치하여야 한다."는 규정으로부터 최대 층수를 한정하였다.

없이 계단만으로 가능한 건물을 3층[48]까지 허용하고 있다. 스웨덴과 같이 강화된 규정을 국내에 적용하게 되면 편리함은 늘겠지만 건축주에게 경제적인 부담을 주게 된다. 그러므로 경사지 테라스하우스의 경우에도 기존에 국내서 적용되는 5층까지를 적용하여도 큰 문제는 없다고 생각된다. 그러나 문제는 경사지 테라스하우스에서는 기존의 관념으로는 층수에 대하여 말하기 어려운 점이 있다는 것이다. 왜냐하면 모든 주호가 접지하고 있고, 주호가 부분적으로 중첩되기 때문에 어디를 기준으로 하느냐에 따라 층수가 달리 계산될 수도 있기 때문이다. 이와 같이 층수산정 기준에 있어서도 경사지 테라스하우스는 애매한 점을 내포하고 있고 범규에서도 따로 기준이 마련되어야 함을 볼 수 있지만 그 일은 향후의 과제로 돌리고 우선의 혼동을 피하기 위하여 본 연구에서 "5층의 기준을 수용한다." 함은 적층된 개수로 5개 층을 말하는 것임을 밝혀두고자 한다.

(2) 최대 접근로 길이

1)사행 엘리베이터를 설치하지 않을 경우

독일 Dieter Prinz의 '도시계획(Stätebau)'에서는 접근로와 관계하여 현관문에서 주차장까지의 최대 보행로의 길이를 100m, 그리고 현관문에서 구급차와 유조차가 도달 가능한 곳까지의 최대 수송로 길이를 50m로 설정하고 있다(그림 61).[49] 여기에서 수송로는 차로 가장 가까이 접근할 수 있는 곳에서 현관문까지의 이격거리이며, 보행로는 차를 주차할 수 있는 곳에서 현관문까지의 이격거리를 말한다. 이 기준은 보행로와 수송로를 구분하여 최대길이를 정하고 있다는 점이 특징이다.

---

48) H. Joss, "Wohnung für die Zukunft", Werk 1/1963.
49) D. Prinz, Städtebau, Band 1, Kohlhammer Verlag, 2. Auflage, 1980, p.99.

그림 61 D. Prinz에 의한 접근로의 최대 길이

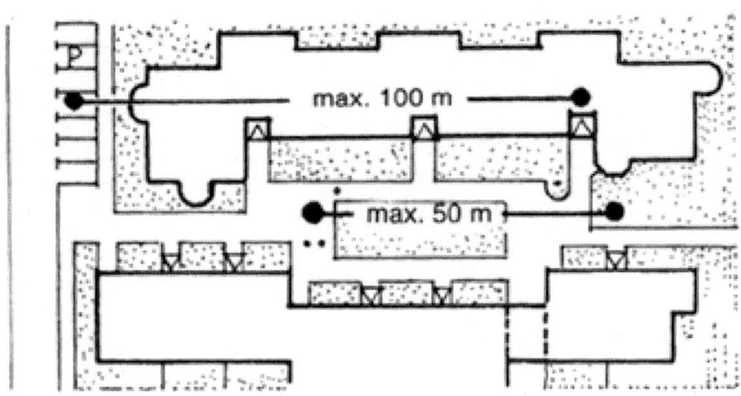

(출처: D. Prinz, Städtebau, Band 1, Kohlhammer Verlag, 2. Auflage, 1980, p.99)

한편 독일의 '접근로 시설 권장 사항(EAE85)'[50]에서는 도로에서 주택의 현관문사이의 최대 허용 보행로 거리를 주택의 층수에 따라서 구분하여 권장하고 있다. 여기에서 1-2층일 경우에는 약 80m 이하로, 3층일 경우에는 60m, 그리고 4층 이상의 층에서는 다시 약 10m의 보행로의 길이를 감하여 50m 이하로 하도록 권장하고 있다.(표 39 참조) 그러나 이상의 두 사례는 평지의 일반적인 경우를 대상으로 한 접근로 기준이고 경사지의 특성을 고려한 기준이 아니라는 점에 유의할 필요가 있다.

---

50) Empfehlungen für die Anlage von Erschliessungsstrassen, Ausg. 1985.

표 39 스위스 취리히 대학 지역계획 연구소가 제시한
최대 허용 수평보행로 길이

층수	1층	2층	3층	4층	5층
최대한의 수평적 도달거리	120m	110m	100m	90m	80m

(출처: Strickler & Christ, Empfehlungen für die Beurteilung, Zonung und Ueberbauung von Hanglagen, 1976, p.16)

경사지 특성을 고려한 접근로 길이에 대한 것으로는 스위스의 연구가 하나 있다. 이에 의하면 경사지 테라스하우스에서 계단으로부터 주호의 현관문까지의 허용최대수평보행로 길이를 표 40에서처럼 적층 수에 연계하여 제한하고 있다. 1층일 경우에서는 120m, 그리고 한 층 추가될 때마다 수평보행로의 길이를 10m씩 감소시켜서 5층일 경우에서는 80m를 권장치로 하고 있다. 이 제한방법은 접근로에서 수직적 부분인 계단구간을 제외한 산정법이지만 보행자가 계단을 오를 때 층수에 비례적으로 에너지와 시간을 소모하게 되므로, 그에 상응하여 '수평보행로'의 길이를 줄여 보전함으로서 결과적으로 주구지선로부터 각 주호에 이르기까지의 접근로길이를 적정수준으로 콘트롤하는 것과 동일한 효과를 가져오게 하는 것이다.

표 40 독일의 EAE85에 의한 층수에 따른
최대 허용 접근로 길이

층수	1 - 2층	3층	4층 이상
도보로 길이(m)	80	60	50

(출처: Pietzsch, Strassenplanung, Werner Verlag, 6. Auflage, 2000, p.97)

최대 허용 접근로 길이에 관한 연구들 사이에는 표 41에서처럼 많은 차이가 나타나고 있다.

국내에는 이에 대한 규정이 없으며, 독일과 스위스 취리히 대학교 지역계획연구소가 제시한 수치 사이에는 상당한 차이가 있지만 다음과 같은 특징이 확인된다.

(1) Prinz의 수송로의 길이와 EAE85의 접근로 길이가 4층 이상에서 서로 같다.

(2) 취리히 대학교 지역계획 연구소와 독일의 EAE85에서 최대 보행로 길이는 건축물의 층수에 따라 구분되어 차이가 나타나고 있다.

표 41 접근로 길이의 비교

연구기관		1층	2층	3층	4층	5층
Dieter Prinz	수송	100m	100m	100m	100m	100m
	보행	50m	50m	50m	50m	50m
EAE85		80m	80m	60m	50m	50m
취리히 대학교 지역계획 연구소		120m	110m	100m	90m	80m

Prinz는 보행로와 수송로의 길이를 구분하여 나타내고 있다. 여기에서 최대 보행로 길이가 100m 이지만 비상시의 수송 및 물품운반을 위한 수송로의 길이는 최대 50m로 제한하고 있다. 경사지에서는 계단으로 인하여 차량의 접근이 불가능하므로 접근로의 길이로는 수송로의 길이가 적합하다. Prinz는 층수를 고려하지 않지만 4층 이상에서는 EAE85에서의 최대 접근로의 길이와 동일하게 나타나고 있다. 또한 취리히 대학 지역계획 연구소는 최대접근로를 120m까지를 권장하고 있지만 EAE85와 마찬가지로 층수에 따라서 접근로의 길이에 차이를 두고

있다. 그리고 이광노는 60m를 기준으로 하고 있으나 그것은 '최적의 경우'를 뜻하므로 최대한 허용 보행로 길이는 60m보다 다소 늘어날 수 있다는 뜻으로 보아야 할 것이다.

이들 중에서는 독일의 접근로 시설 권장사항(EAE85)에서는 최대 접근로 길이(80m)가 타당하다고 판단되며, 취리히 대학 지역계획 연구소 기준에서는 층수증가에 따라 접근로 길이를 10m씩 줄이는 방안이 상당히 합리적이 점이라고 판단된다.

이는 '최대허용 수평보행로 길이'를 뜻하며 1층에서 5층까지 적용되고, 또한 다음과 같은 공식으로 쉽게 계산할 수 있다. 5층 이상에서는 엘리베이터 시설이 따라야 하고 엘리베이터 승강장으로부터 같은 공식을 적용하면 된다.

$$L = 80 - (n-1) \times 10m \qquad (1)$$

L: 보행자를 위한 수평적 최대 허용 이격거리
n: 층수(5층 이하)

위의 공식에 의하여 사행(斜行) 엘리베이터가 설치되지 않은 경우를 층별로 계산해 보면 최대수평보행로의 길이는 표 42와 같고 한층 상승할 때마다 10m씩 감소되면 5층에서 최대수평보행로 길이는 40m로 준다.

표 42 보행자를 위한 최대 허용 접근로 길이

층수	1층	2층	3층	4층	5층
최대 허용 접근로 길이	80m	70m	60m	50m	40m

이는 주구지선로가 단지의 상부나 하부 한곳에만 있을 경우를 나타
낸다. 주구지선도가 상·하부 모두에 있을 경우에는 위와 아래 모두에
서 접근이 가능하므로 엘리베이터 없이도 그 두 배인 10층까지 접근로
길이범위 내에서 접속이 가능하게 된다.

2) 사행 엘리베이터를 설치할 경우

사행 엘리베이터를 설치할 경우 계단 등의 수직보행로와 사행 엘리
베이터는 상부나 하부의 한 주구지선로, 또는 상·하 두 곳에 연결된다.
그리고 엘리베이터는 5층 이상의 경우에 설치를 필요로 하므로 승강장
은 최대 5개 층마다 1개소씩 설치하면 된다.

층수는 이론상 계속 확장될 수 있지만, 사행 엘리베이터의 제품 성능
에 의해서 제한을 받게 된다.[51]

주거동의 가로방향으로 확장은 엘리베이터의 승강장이 있는 층을 1
층으로 간주하고 위에서의 최대허용수평보행로 길이를 구하는 공식을
적용하면 80m까지 적정접근로 길이의 범위로 볼 수 있고, 그리고 승강
장으로부터 1개 층을 오르거나 내려올 경우 10m씩을 감하여 70m까지
확장이 가능하다. 이와 같은 방법으로 승강장(정류장 포함)에서 내려
도보로 2개 층을 오르거나 내려와야 할 경우 20m를 감소하게 되어 최
대 접근로 길이는 60m가 된다. 이를 정리하면 표 43과 같이 나타난다.

이상의 분석을 사행 엘리베이터를 설치할 경우와 설치하지 않을 경
우에 대하여 도표화 해보면 표 44와 같이 정리된다.

---

51) 일본 미스비시 제품은 현재 60m용까지 공급하고 있다.

표 43 보행자를 위한 최대 허용 접근로 길이(승강기 설치 시)

층수	−2층	−1층	승강기 정차층	+1층	+2층
최대 허용 접근로 길이	60m	70m	80m	70m	60m

표 44 최대 적정 접근로 길이

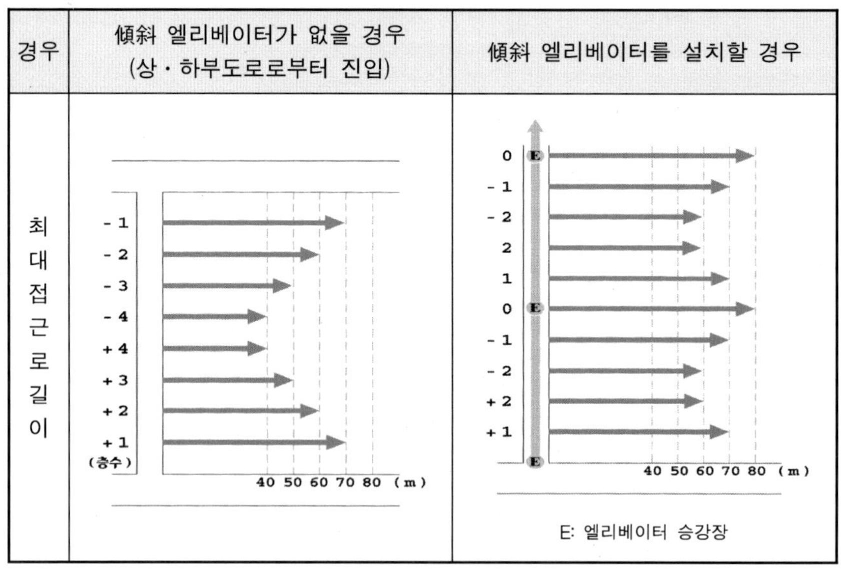

4.4 밀도관계

4.4.1 도시계획적 밀도관계 규정

공동집합주택은 토지를 효율적으로 이용하여 가능한 많은 인구를 수용하면서 동시에 채광과 녹지를 위한 공지도 적절한 수준으로 확보되어야 한다. 이들을 수량적으로 나타내기 위하여 국내 건축법에는 건폐율, 용적률에 관한 규정이 있다.

(1) **건폐율**은 용도지역 안에서 건축허용기준에 관한 건축법 제47조에 의하면 대지면적에 대한 건축면적의 비율로 정의되며 건축물의 밀집도(密集度)를 표시한다.

건폐율＝건축면적/대지면적

(2) **용적률**은 용도지역 안에서 건축허용기준에 관한 건축법 제48조에 의하면 대지면적에 대한 건축물의 연면적의 비율로 정의되며 대지의 이용도를 나타낸다.

용적률＝건축물의 연면적/대지면적

(3) 한국의 건축법에는 규정되어 있지 않지만, Meier는 "도시 계획적 질을 평가하려면 주택의 옥외 공간은 연면적과 연관되어야 하며, 이를 위한 연면적당 옥외 공간면적의 백분율을 옥외 공간율"[52]이라 한다.

옥외 공간율＝옥외 공간면적/연면적

건폐율제한은 대지면적에 대한 외부 공간의 절대량을 일정수준 이상으로 확보하지만, 건축물의 면적이 증가할 경우 외부 공간의 상대량은 감소하여 외부 공간의 조건이 악화되는 미흡한 점을 내포하고 있다. 그러나 옥외 공간율은 상대적인 량을 나타내는 지표로서 주거단지 외부 공간의 물리적인 질(quality)을 정량적으로 평가할 수 있다.

한국에서 '건폐율 제한'은 대지 단위로 최소한의 공지를 확보케 함으

---

52) C. Meier; Theoretische Bauleitplanung, Walter de Gruyter＋Co. Verlag, 1970, p.15.

로써 시가지 건축물의 무질서한 과밀을 방지하여 일조·채광·통풍 등이 잘 되게 함은 물론, 화재 시 연소의 차단·소화작업·피난 및 식목을 위한 공간을 확보하기 위한 목적을 갖고 있다. 그러나 경사지 테라스하우스에서 테라스는 실제적으로 옥외 공간으로써 공지의 역할을 수행하여 이와 같은 목적들을 충족시키고 있다. 그러나 한국에서 경사지 테라스하우스는 '건폐율 제한'이 요구하고 있는 본래의 목적을 충족시키고 있지만 건폐율에 의해서 규제를 받고 있다. 건축법에서 일반적인 경우 경사지 테라스하우스의 테라스는 건폐율 산정 시 건축면적에 포함되어 건폐율의 제한을 받게 된다. 이와 같은 불합리한 점은 경사지 테라스하우스 건설의 활성화에 매우 큰 장애적 요소의 하나로 작용하고 있다.

이와 같은 불합리한 점의 개선이 필요한 상황에 있다. 테라스하우스는 다층건물과 비교하여, 건축구조상의 적층에 의해서 생긴 아래 건물 위의 테라스는 개개의 단위주호들에 직접적으로 속하는 옥외 공간으로 사용이 가능하며, 이는 옥외 공간면적에 포함된다. 이에 대한 평가지표로 우리는 옥외 공간율의 도입을 생각할 수 있다.

본 연구는 이의 개선을 위한 대안의 하나로 경사지 테라스하우스의 경우에 '건폐율제한' 대신에 옥외 공간율의 적용을 제안하며, 옥외 공간율을 연구에 포함시켰다.

4.4.2 모델 대지설정

본 연구에서 모든 가능한 대지관계가 완벽하게 파악될 수는 없으며, 다만 최소한의 주거단지형성의 범위로 연구의 범위를 제한한다. 대규모

주거단지 형성 시 필요한 학교, 유치원, 청소년회관, 양로원, 그리고 스
포츠 및 여가를 위한 공동으로 필요한 면적은 본 연구에서 다루지 않
는다. 이들은 본 연구에 포함하기는

첫째 너무 복합적이고,

둘째 본 연구에서 다루는 경사지 테라스하우스는 경사지에 소규모로
건설되어 그 대지규모가 작으므로 제외한다.

본 연구에서는 단지건설 시 평면유형과 건설조합유형을 경사지의 상
황 안에서 도시계획적 밀도와의 관계를 구체화시킨다. 이들 건설조합유
형은 단위주호와 경사도에 따라서 영향을 받으며, 비테라스형 공동주택
의 주동(住棟)처럼 건물의 이용과 구조의 중복이 단위주호에 고려되어
야 한다. 그리고 경사지의 테라스하우스는 소규모 단지로 분할될 수 있
다. 연구에서 통합적으로 필요한 면적 간의 상호비교를 이루기 위하여,
모든 모델에서 단지의 깊이는 일정하게 설정된다. 단지의 폭은 평면유
형과 건설조합유형, 그리고 대지경사도와 상관관계를 갖는다. 또한 대지
의 상황, 조합시스템, 접근동선체계 및 주차시스템, 그리고 인동간격은
상호 간에 영향을 준다. 본 연구는 밀도와 관련되는 사항을 대지의 경
사도와 관련하여 건설조합유형 및 평면유형과의 관계를 가상의 모델대
지에서 살펴본다.

주어진 경사지 상황의 다양함은 경사대지와 관련된 체계적인 가정이
주어져야 한다. 왜냐하면 일반적으로 유용한 대지관계가 건축법에 확정
되어 있지 않기 때문이다. 경사대지는 고정된 경사도 β의 면 ε을 의미
한다. 각 주호로 연결되는 접근로는 하부도로로부터 연결되는 것으로
한정한다.

모든 모델 대지는 최적의 경사지, 즉 동남향에서 서남향 사이의 대지
를 다룬다.(표 45 참조)

표 45 모델 대지

<table>
<tr><td colspan="2" align="center">도 해</td><td align="center">범 례</td></tr>
</table>

4.4.3 주거동의 건설유형

테라스 주거단지는 연구의 2장에서 분류된 기본조합유형 즉, 일렬종대형, 이열종대형, 다열종대형 형태로 건설된다. 경사지에 단층의 단위주호로 밀집 구성된 주동의 종류는 기본요소의 복합으로 표 46처럼 3개의 조합유형의 열을 나타낸다. 여기에서 모든 조합유형의 기본요소는 列이며, 이들의 단면은 평면유형과 대지의 경사도에 따른다.

본 연구는 조합유형들에서 각각의 일렬을 기준으로 설정하며 상호 비교한다. 이들은 표 46에서처럼 점선으로 나타내는 부분으로 한정되며, 이들 각 유형의 부지크기는 다음과 같이 나타난다.

표 46 건설유형 및 선형구획부지

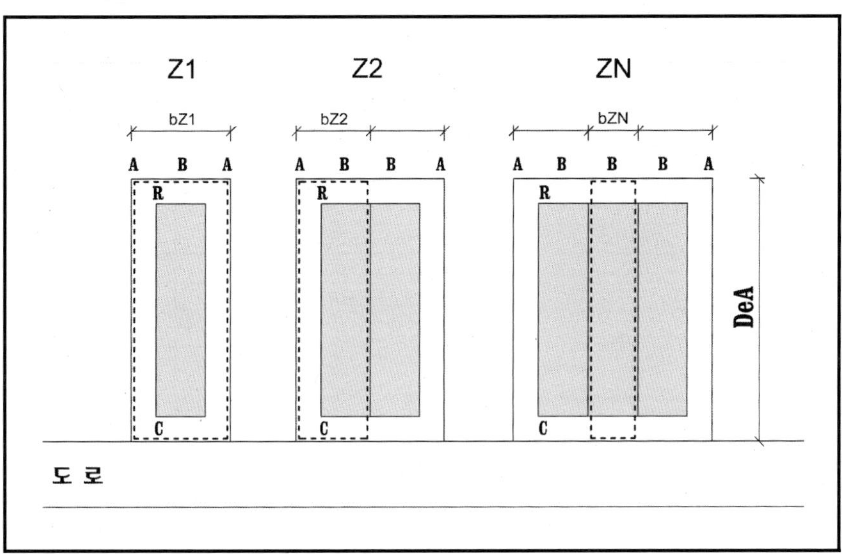

1) 건설유형 Z1: n×(B+2A)×DeA

2) 건설유형 Z2: n×(B+A)×DeA

3) 건설유형 ZN: (n×B+2A)×DeA

주어진 크기의 부지에 건설 가능한 단위주호의 수는 대지의 경사도와 평면유형에 종속되어 있다. 그림 61은 대지의 경사도와 주차장 출입을 위한 출입구 길이(C)를 고려한 적층 가능한 단위주호의 수 사이의 상호관계를 나타낸다.

그림 62 부지높이와 건설 가능한 單位住戶의 수 사이의
상호관계

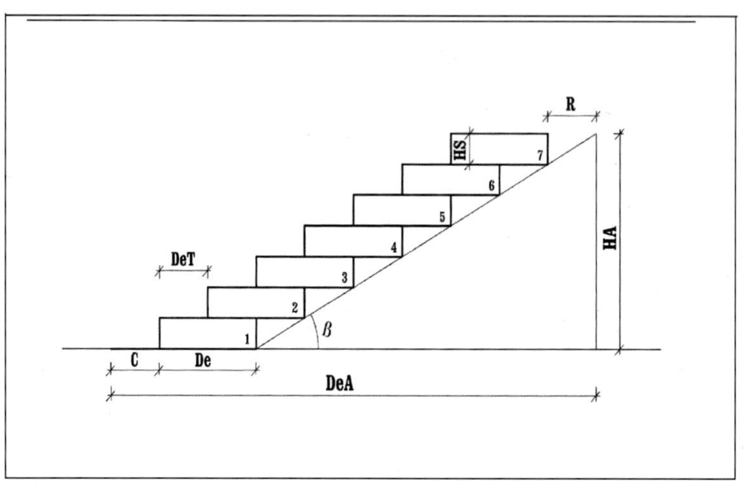

일렬의 선형주거동 당 단위주호의 수는 부지깊이(DeA), 건물깊이 (De), 그리고 주차교통구역길이(C)를 테라스깊이(DeT)로 나눈다.

$$N_{ThU} = \frac{DeA - De - C}{DeT} - R$$

R=(소수점 이하) 나머지

R ∠ DeT

층수(N)는 성형주거동의 구획부지 당 N+1층을 계산한다.

$$층수(N) = \frac{HA}{HS} - 1 - z$$

z=(소수점 이하) 나머지

z ∠ HS

계획대지의 단위주호의 수(N_{AR})는 선형주거동의 수(N_{ThU})에

단위주호의 수(N_{HoU})를 곱한다.

$$N_{AR} = N_{ThU} \times N_{HoU}$$

층별로 단이 진 단위주호의 주방향에서 건물 간 간격은 문제되지 않는다. 인동간격의 결정은 부방향 쪽에 적용되어야 한다. 선형주거동의 구획부지의 폭은 옆 주거동과의 최소 인동간격에 의해서 결정된다. 최소 인동간격은

1) 거주 공간에 필요한 창문 앞에는 간격을 유지할 자유공간이 필요하며,

2) 이 자유공간은 구획부지 내에 있어야 하며,

3) 옆 주거동과의 이격거리는 최소 1H를 주동 구획부지 안에서 스스로 확보가 되어야 한다.

4.4.4 모델에 적용

(1) 일렬종대형(Z1)

1) 一자형

일렬종대형(Z1) 一자형에서 요소들 관계는 다음과 같이 나타난다.

- 선형주거 당 단위주호(HoU)의 수

$$= \frac{DeA - De - C}{DeT} - R(나머지)$$

- 선형주거의 층 수

= 단위주호(HoU)의 수+1=NS

- 선형주거의 요구되는 대지면적

$= (2A + B) \times [De + (NS - 1) \times DeT + C]$

- 주어진 대지면적

$= (2A + B) \times DeA$

- 선형주거의 연면적[53]

$= B \times De \times (NS - 1)$

- 선형주거의 건축면적

$= B \times [De + (NS - 1) \times DeT]$

- 선형주거의 옥외면적

$= (NS - 1) \times (2A + B) \times DeT + 2A \times De + (2A + B) \times (C + R)$

이들은 수식으로 나타내면 다음과 같다.

① 용적률 $= \dfrac{B \times De \times (NS - 1)}{(2A + B) \times DeA}$

② 건폐율 $= \dfrac{B \times [De + (NS - 1) \times DeT]}{(2A + B) \times DeA}$

③ 옥외 공간율 $=$

$$\dfrac{(NS - 1) \times (2A + B) \times DeT + 2A \times De + (2A + B) \times (C + R)}{B \times De \times (NS - 1)}$$

---

53) 연구에서 1층은 주차장으로 사용되는 것을 가정하여 연면적의 산정에서 제외
   시킨다.

표 47 일렬종대 一자형 배치 및 단면 개념도

유형	일렬종대형(一자형)
배치도	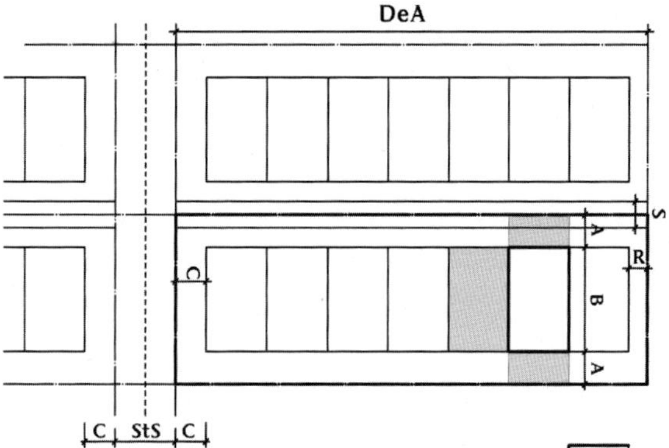
단면	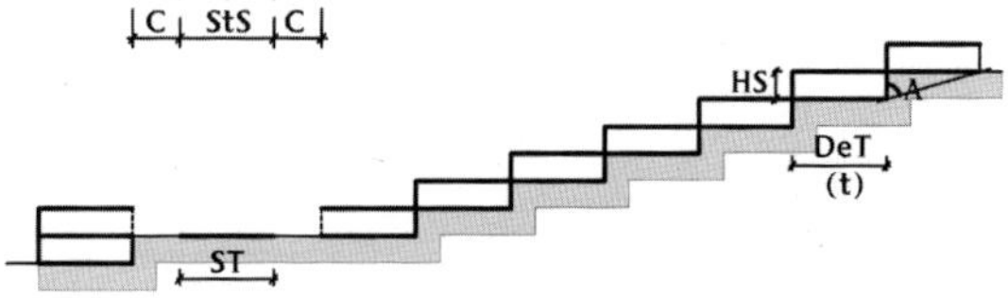

본 연구에서 설정한 유형의 규모(아래의 조건하에서)를 식에 대입하여 계산하면 일렬종대형 一자형의 용적률, 건폐율, 그리고 옥외 공간율의 관계가 그림 63의 그래프가 나타난다.

조건:

  a) 건물폭 $B = 16.00\text{m}$

      건물깊이 $De = 10.00\text{m}$

  b) 층고 $HS = 2.70\text{m}$

  c) 단지깊이 $DeA = 100.00\text{m}$

  d) 교통구역 깊이 $C = 6.00\text{m}$

일렬종대형 일자형에서 용적률은 경사도의 증가에 따라서 즉 테라스의 깊이가 짧아지면 약 50%에서 대략 150% 정도까지로 급격히 증가되어 나타나고 있다. 건폐율은 거의 일정하게 약 50% 정도를 나타내고 있다. 그러나 옥외 공간율은 경사도가 증가에 따라서 약 200%에서 50% 정도로 감소하고 있다.

그림 63 일렬종대형 一자형에서 용적률, 건폐율,
옥외 공간율

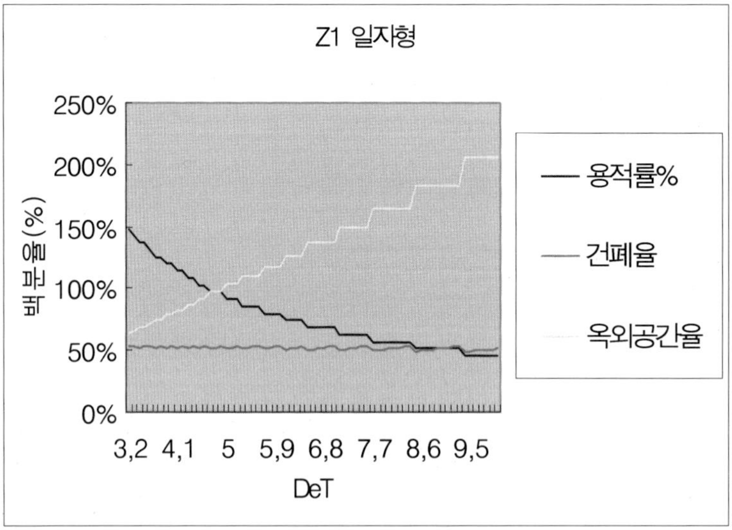

2) ㄱ자형

조합유형 Z1에서 주어지고, 그리고 보충된 요소들의 관계는 다음과 같이 나타난다.

- 선형주거동 당 單位住戶(HoU)의 수

$$= \frac{DeA - De - C}{DeT} - R(\text{나머지})$$

－선형주거의 층수

$$= \text{단위주호(HoU)의 수} + 1 = NS$$

－선형주거의 요구되는 대지면적

$$= (2A + B) \times [De + (NS - 1) \times DeT + C]$$

－주어진 대지면적

$$= (2A + B) \times DeA$$

－단위주호의 바닥면적

$$= [B1 \times (De - De1) + (De1 \times B)]$$

－선형주거의 연면적

$$= [B1 \times (De - De1) + (De1 \times B)] \times (NS - 1)$$

－선형주거의 옥외 면적

$$= (NS - 1) \times [(B1 \times DeT + (B - B1) \times DeT) + 2A \times DeT]$$

표 48 일렬종대 ㄱ자형 배치 및 단면 개념도

유형	일렬종대형(ㄱ자형)
배치도	
단면	

- 선형주거의 건축면적

  a. DeT>Del일 경우

= 단위주호의 건축면적＋(NS－1)×(단위주호의 건축면적

  －(B1×(De－DeT)))

  b. DeT<Del일 경우

= 단위주호의 건축면적＋(NS－1)×(단위주호의 건축면적

  －(B1×(De－DeT)＋(B－B1)×(Del－DeT)))

이들은 수식으로 나타내면 다음과 같다.

① 용적률＝

$$\frac{[B1\times(De-De1)+(De1\times B)]\times(NS-1)}{(2A+B)\times DeA}$$

② 건폐율＝$\dfrac{선형주거의건축면적}{(2A+B)\times DeA}$

③ 옥외 공간율＝

$$\frac{(NS-1)\times[(B1\times DeT+(B-B1)\times DeT)+2A\times DeT]}{[B1\times(De-De1)+(De1\times B)]\times(NS-1)}$$

본 연구에서 설정한 유형의 규모(아래의 조건하에서)를 식에 대입하여 계산하면 일렬종대형 ㄱ자형의 용적률, 건폐율, 그리고 옥외 공간율의 관계가 그림 64의 그래프가 나타난다.

조건:
  a) 건물폭　　　　　　　$B=16.00$m
　　돌출 폭　　　　　　　$B1=4.00$m
　　최대 건물깊이　　　　$De=13.00$m
　　최소 건물깊이　　　　$De1=9.00$m
  b) 층고　　　　　　　　$HS=2.70$m
  c) 단지깊이　　　　　　$DeA=100.00$m
  d) 교통구역 깊이　　　　$C=6.00$m

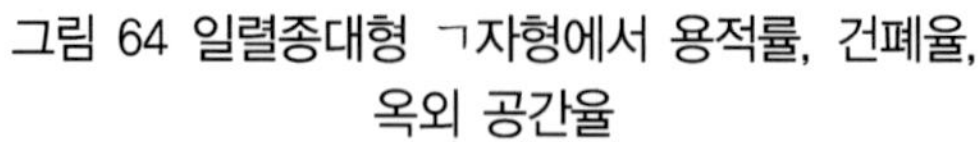

그림 64 일렬종대형 ㄱ자형에서 용적률, 건폐율,
옥외 공간율

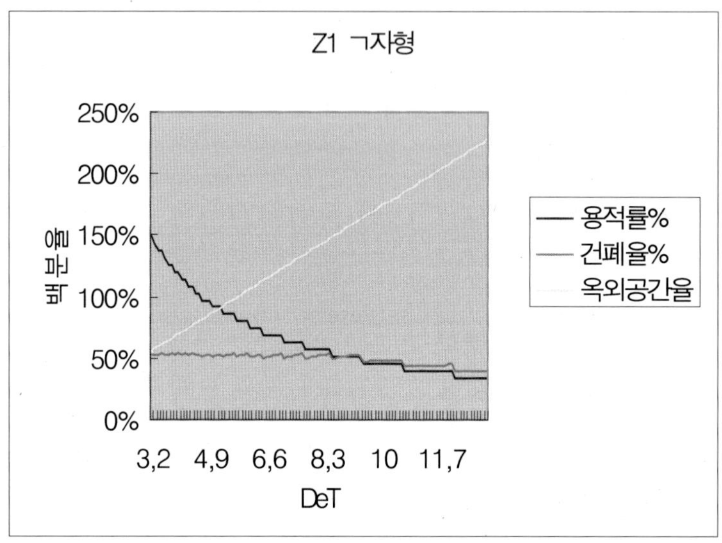

    일렬종대형 ㄱ자형에서 용적률은 일자형과 같이 경사도의 증가에 따라서 즉 테라스의 깊이가 짧아지면 약 50%에서 대략 150% 정도까지로 급격히 증가되어 나타나고 있다. 건폐율은 거의 일정하게 약 50% 정도를 나타내고 있으며 테라스의 깊이가 9m를 넘으면 감소하고 있다. 그러나 옥외 공간율은 경사도가 증가에 따라서 약 230%에서 50% 정도로 감소하고 있다.

표 49 이열종대 一자형 배치 및 단면 개념도

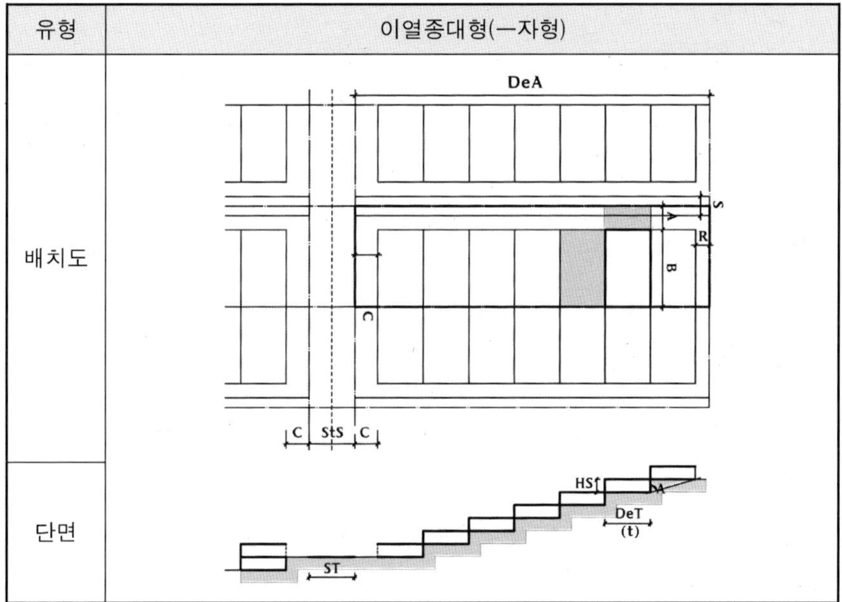

(2) 이열종대형(Z2)

1) 一자형

건설유형 Z2에서 주어지고, 그리고 보충된 요소들의 관계는 다음과
같다.

- 선형주거 당 단위주호(HoU)의 수

$$= \frac{DeA - De - C}{DeT} - R(나머지)$$

- 선형주거의 층 수
= 단위주호(HoU)의 수+1
- 선형주거의 요구되는 대지면적

164

$$= (A+B) \times [De + (NS-1) \times DeT + C]$$

$-$ 주어진 대지면적

$$= (A+B) \times DeA$$

$-$ 선형주거의 연면적

$$= B \times De \times (NS-1)$$

$-$ 선형주거의 건축면적

$$= B \times [De + (NS-1) \times DeT]$$

$-$ 선형주거의 옥외면적

$$= (NS-1) \times (A+B) \times DeT + A \times De + (A+B) \times (C+R)$$

이들을 수식으로 나타내면 다음과 같다.

① 용적률 $= \dfrac{B \times De \times (NS-1)}{(A+B) \times DeA}$

② 건폐율 $= \dfrac{B \times [De + (NS-1) \times DeT]}{(A+B) \times DeA}$

③ 옥외 공간율 $=$

$$\dfrac{(NS-1) \times (A+B) \times DeT + A \times De + (A+B) \times (C+R)}{B \times De \times (NS-1)}$$

본 연구에서 설정한 유형의 규모(아래의 조건하에서)를 식에 대입하여 계산하면 이열종대형 一자형의 용적률, 건폐율, 그리고 옥외 공간율의 관계가 그림 65의 그래프가 나타난다.

조건:

a) 건물폭 $\qquad\qquad$ B$=$16.00m

건물깊이   De = 10.00m
b) 충고   HS = 2.70m
c) 단지깊이   DeA = 100.00m
d) 교통구역 깊이   C = 6.00m

일렬종대형 일자형에서 용적률은 경사도의 증가에 따라서 즉 테라스의 깊이가 짧아지면 약 60%에서 대략 190% 정도까지로 급격히 증가되어 나타나고 있다. 건폐율은 거의 일정하게 약 70% 정도를 나타내고 있다. 그러나 옥외 공간율은 경사도가 증가에 따라서 약 160%에서 50% 정도로 감소하고 있다.

그림 65 이열종대형 一자형에서 용적률, 건폐율,
옥외 공간율

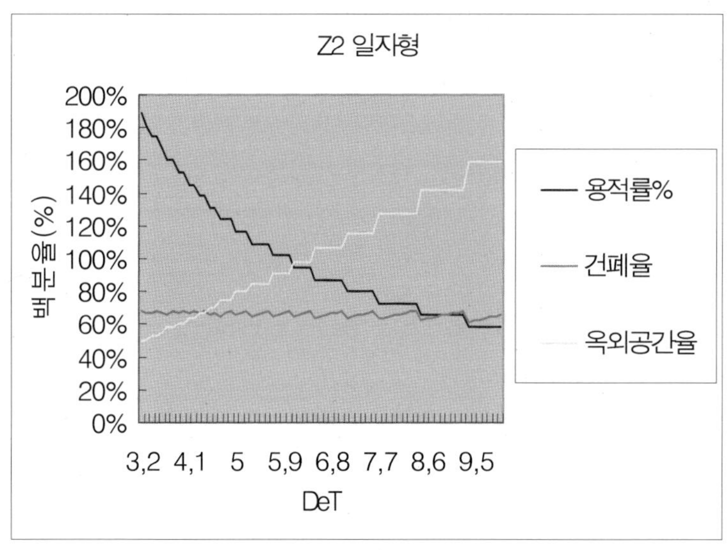

2) ㄱ자형

건설유형 Z2에서 주어지고, 그리고 보충된 요소들의 관계는 다음과
같다.

- 선형주거의 수

$$= \frac{DeA - De - C}{DeT} - R(나머지)$$

- 선형주거의 층수
= 단위주호(HoU)의 수+1
- 선형주거의 요구되는 대지면적
= (A+B)×[De+(NS-1)×DeT+C]
- 주어진 대지면적
= (A+B)×DeA
- 단위주호의 바닥면적
= [B1×(De-De1)+(De1×B)]
- 선형주거의 연면적
= [B1×(De-De1)+(De1×B)]×(NS-1)

- 선형주거의 옥외면적
= (NS-1)×[(B1×DeT+(B-B1)×DeT)+A×DeT]
- 선형주거의 건축면적
 a. DeT〉De1일 경우
= 단위주호의 건축면적+(NS-1)×(단위주호의 건축면적
    -(B1×(De-DeT)))
 b. DeT〈De1일 경우
= 단위주호의 건축면적+(NS-1)×(단위주호의 건축면적

$$-(B1\times(De-DeT)+(B-B1)\times(De1-DeT)))$$

이들을 수식으로 나타내면 다음과 같다.

① 용적률 =

$$\frac{[B1\times(De-De1)+(De1\times B)]\times(NS-1)}{(A+B)\times DeA}$$

② 건폐율 =

$$\frac{선형주거의건축면적}{(A+B)\times DeA}$$

표 50 이열종대 ㄱ자형 배치 및 단면 개념도

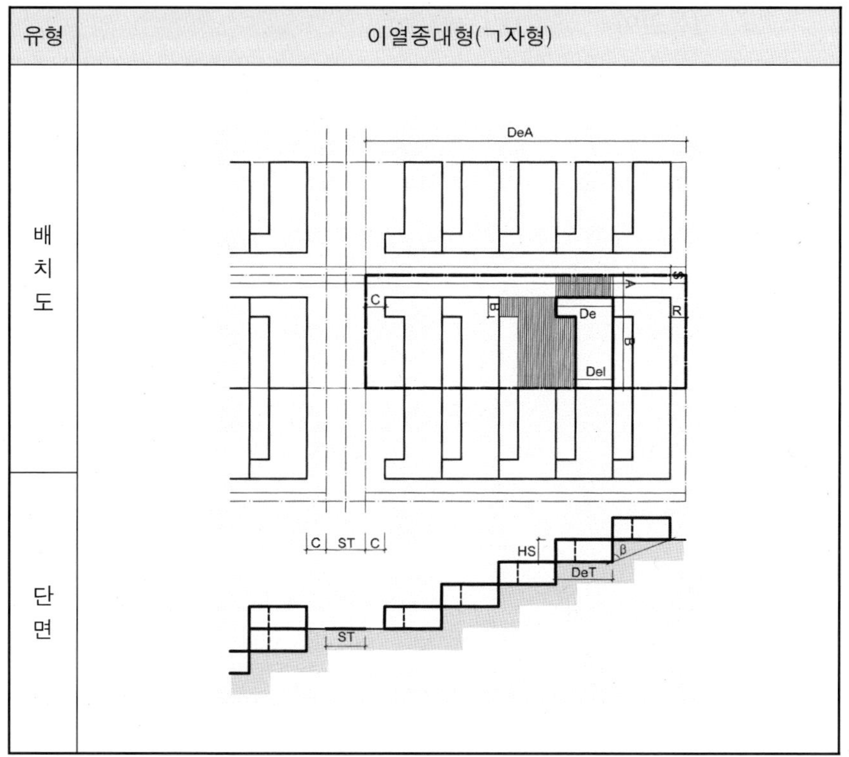

③ 옥외 공간율＝

$$\frac{(NS-1)\times[(B1\times DeT+(B-B1)\times DeT)+A\times DeT]}{[B1\times(De-De1)+(De1\times B)]\times(NS-1)}$$

본 연구에서 설정한 유형의 규모(아래의 조건하에서)를 식에 대입하여 계산하면 이열종대형 ㄱ자형의 용적률, 건폐율, 그리고 옥외 공간율의 관계가 그림 66의 그래프가 나타난다.

조건:
a) 건물폭   B＝16.00m

    돌출 폭   B1＝4.00m

    최대 건물깊이   De＝13.00m

    최소 건물깊이   De1＝9.00m

b) 층고   SH＝2.70m

c) 단지깊이   DeA＝100.00m

d) 교통구역 깊이   C＝6.00m

그림 66 이열종대형 ㄱ자형에서 용적률, 건폐율, 옥외 공간율

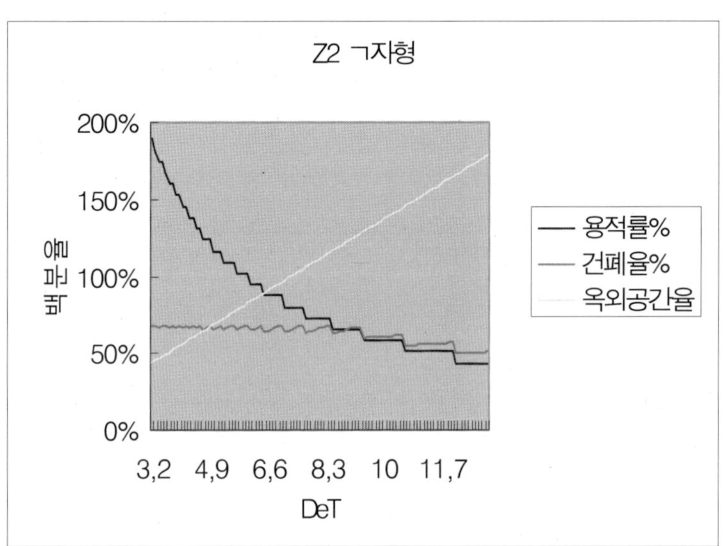

이열종대형 ㄱ자형에서 용적률은 경사도의 증가에 따라서 즉 테라스의 깊이가 짧아지면 약 60%에서 대략 190% 정도까지로 급격히 증가되어 나타나고 있다. 건폐율은 거의 일정하게 약 70% 정도를 나타내고 있으며 테라스의 깊이가 9m를 넘으면 감소하고 있다. 그러나 옥외 공간율은 경사도가 증가에 따라서 약 190%에서 50% 정도로 감소하고 있다.

(3) 다열종대형(ZN)

1) 일자형

건설유형 ZN에서 주어지고, 그리고 보충된 요소들의 관계는 다음과 같다.

170

-선형주거 당 단위주호(HoU)의 수

$$= \frac{DeA - De - C}{DeT} + R(나머지)$$

-선형주거의 층 수

=단위주호(HoU)의 수+1=NS

-선형주거의 요구되는 대지면적

=B×[De+(NS-1)×DeT+C]

-주어진 대지면적

=B×DeA

-선형주거의 연면적

=B×De×(NS-1)

-선형주거의 건축면적

=B×[De+(NS-1)×DeT]

-선형주거의 옥외면적

=(NS-1)×B×DeT+B×(C+R)

이들을 수식으로 나타내면 다음과 같다.

① 용적률$= \dfrac{B \times De \times (NS-1)}{B \times DeA}$

② 건폐율$= \dfrac{B \times [De + (NS-1) \times DeT]}{B \times DeA}$

③ 옥외 공간율$= \dfrac{(NS-1) \times B \times DeT + B \times (C+R)}{B \times De \times (NS-1)}$

표 51 다열종대 一자형 배치 및 단면 개념도

유형	다열종대형(一자형)
배치도	
단면	

   본 연구에서 설정한 유형의 규모(아래의 조건하에서)를 식에 대입하여 계산하면 다열종대형 一자형의 용적률, 건폐율, 그리고 옥외 공간율의 관계가 그림 67의 그래프가 나타난다.

조건:
   a) 건물폭　　　　　　　$B = 16.00m$

   　　건물깊이　　　　　　$De = 10.00m$

   b) 층고　　　　　　　　$hg = 2.70m$

   c) 단지깊이　　　　　　$DeA = 100.00m$

   d) 교통구역 깊이　　　　$C = 6.00m$

이열종대형 ㄱ자형에서 용적률은 경사도의 증가에 따라서 즉 테라스의 깊이가 짧아지면 약 80%에서 대략 260% 정도까지로 급격히 증가되어 나타나고 있다. 건폐율은 거의 일정하게 약 90% 정도를 나타내고 있다. 그러나 옥외 공간율은 경사도가 증가에 따라서 약 110%에서 40% 정도로 감소하고 있다.

그림 67 다열종대형 一자형에서 용적률, 건폐율, 옥외 공간율

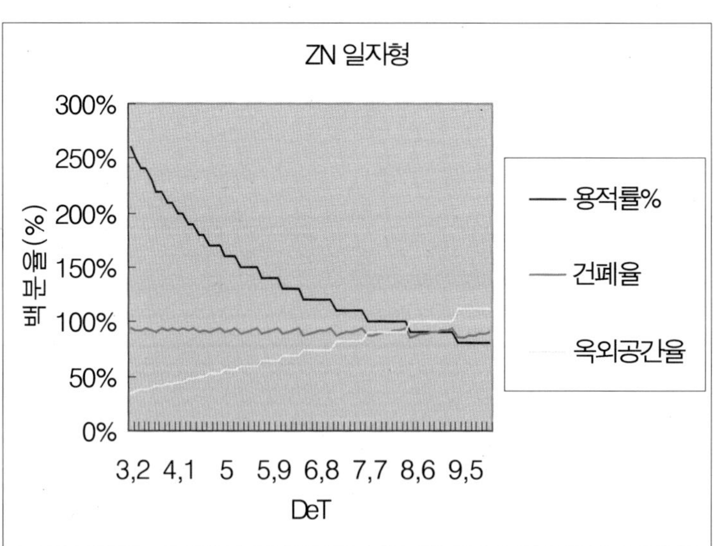

2) ㄱ 자형

건설유형 ZN에서 주어지고, 그리고 보충된 요소의 관계는 다음과 같다.

－HoU/선형주거의 수

$$= \frac{DeA - De - C}{DeT} - R(나머지)$$

－선형주거의 층수

=단위주호(HoU)의 수+1

－선형주거의 요구되는 대지면적

=B×[De+(NS−1)×DeT+C]

－주어진 대지면적

=B×DeA

－단위주호의 바닥면적

=[B1×(De−De1)+(De1×B)]

－선형주거의 연면적

=[B1×(De−De1)+(De1×B)]×(NS−1)

－선형주거의 옥외면적

=(NS−1)×[B1×DeT+(B−B1)×DeT]

－선형주거의 건축면적

  a. DeT>De1일 경우

= 단위주호의 건축면적+(NS−1)×(단위주호의 건축면적

    −(B1×(De−DeT)))

  b. DeT<De1일 경우

= 단위주호의 건축면적+(NS−1)×(단위주호의 건축면적

    −(B1×(De−DeT)+(B−B1)×(De1−DeT)))

이들을 수식으로 나타내면 다음과 같다.

① 용적률＝

$$\frac{[B1 \times (De - De1) + (De1 \times B)] \times (NS - 1)}{B \times DeA}$$

② 건폐율＝ $\dfrac{선형주거의건축면적}{B \times DeA}$

③ 옥외 공간율＝

$$\frac{(NS-1) \times [B1 \times DeT + (B-B1) \times DeT]}{[B1 \times (De-De1) + (De1 \times B)] \times (NS-1)}$$

본 연구에서 설정한 유형의 규모(아래의 조건하에서)를 식에 대입하여 계산하면 다열종대형 一자형의 용적률, 건폐율, 그리고 옥외 공간율의 관계가 그림 68의 그래프가 나타난다.

조건:
a) 건물폭   B＝16.00m

   돌출 폭   B1＝4.00m

   최대 건물깊이   De＝13.00m

   최소 건물깊이   De1＝9.00m

b) 층고   SH＝2.70m

c) 단지깊이   DeA＝100.00m

d) 교통구역 깊이   C＝6.00m

표 52 다열종대 ㄱ자형 배치 및 단면 개념도

유형	다열종대형(ㄱ자형)
배 치 도	
단 면	

그림 68 다열종대형 ㄱ자형에서 용적률, 건폐율, 옥외 공간율

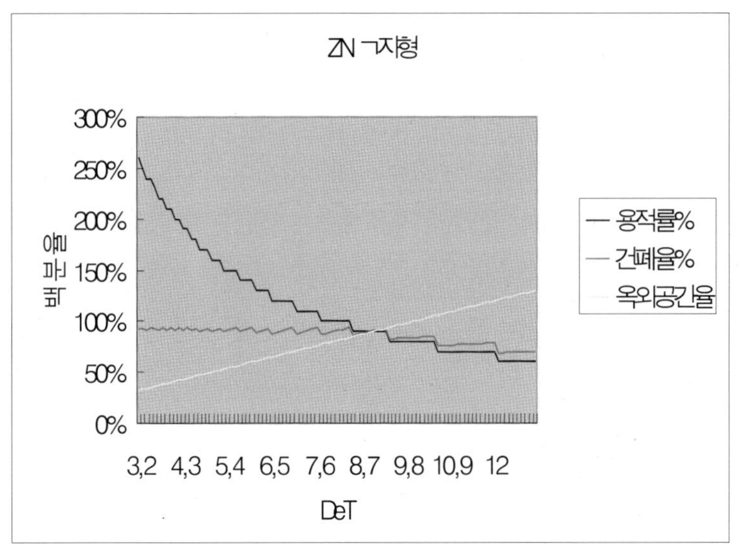

다열종대형 ㄱ자형에서 용적률은 경사도의 증가에 따라서 즉 테라스의 깊이가 짧아지면 약 80%에서 대략 260% 정도까지로 급격히 증가되어 나타나고 있다. 건폐율은 거의 일정하게 약 90% 정도를 나타내고 있으며, 테라스의 깊이가 9m를 넘으면 감소하고 있다. 그러나 옥외 공간율은 경사도가 증가에 따라서 약 150%에서 40% 정도로 감소하고 있다.

4.4.5 밀도의 분석

(1) 용적률

그림 69에서 용적률은 대지의 경사도가 증가하면 상승되며, 낮은 경사도에서는 조합유형 간에 큰 차이가 없으나 경사도가 증가하면 할수록 차이는 큰 폭으로 증가한다. 동일한 조합유형에서는 一자유형은 ㄱ자유형보다 높은 용적률을 나타내고 있다. 다열종대형은 동일의 대지경사도에서 높은 밀도를 가능하게 하며, 경사도가 높은 대지에서 일렬종대형보다 더 효율적이다.

용적률의 변화는 실제적으로 다른 건설유형과 평면유형의 전환에 의해서 가능하다. 동일한 총 건축면적, 대지경사도, 그리고 건설유형 내에서 콤팩트한 평면 예를 들면 一자유형은 ㄱ자 유형에 比해서 용적률이 최대한 25% 정도 증가된다.

그림 69 용적률 비교

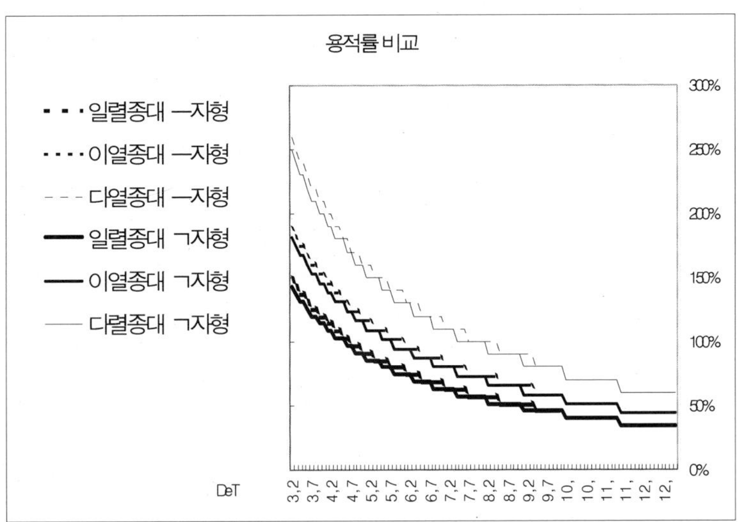

(2) 건폐율

건폐율은 그림 70에서처럼 건축대지 위에 건설 가능한 면적을 나타낸다. 이것은 평면유형은 건설유형에 종속되며, 일렬종대형에서는 50%, 이열종대형에서는 약 60%, 그리고 다열종대형에서는 90%로 선택된 평면유형과 건설유형은 모든 대지경사도에서 거의 일정하게 나타나고 있다.

특히 ㄱ자 유형에서 테라스의 깊이가 9m 기점으로 차이가 나는 불안정한 건폐율의 진행이 나타나고 있다. 이는 건물깊이의 차이에 의해서 나타나며, 테라스의 깊이가 9m 이상이 되므로 건물의 일부가 아래층의 옥상에 적층되지 않고 대지 위에 건축되므로 건폐율의 상승을 가져오고 있다.

그림 70 건폐율 비교

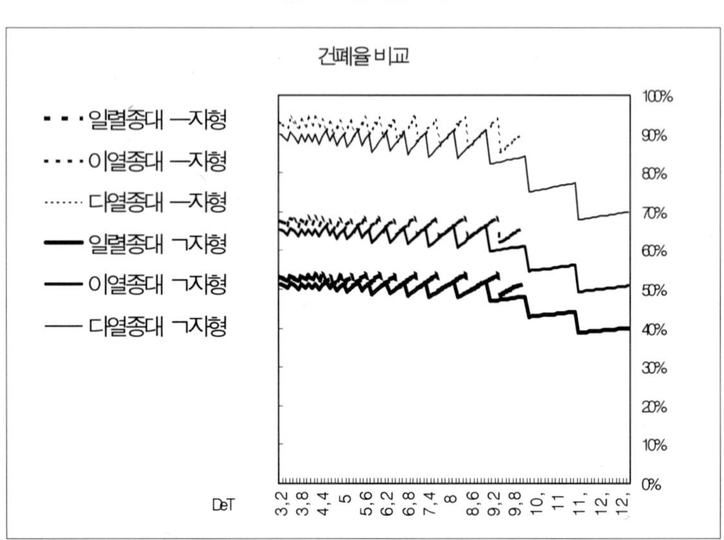

(3) 옥외 공간율

단위주호의 연면적과 옥외 공간간의 관계는 그림 71에서 나타나는 것처럼 대지경사도에 매우 강하게 영향을 받는다.

가능한 층수는 동일한 깊이의 대지에서 대지경사도에 종속되어 있다. 대지 경사도가 크면 클수록 같은 깊이의 대지에 많은 층수를 가능하게 한다. 그리고 동시에 경사도가 급해지면 단위주호에서 옥외 공간은 적어지므로 옥외 공간율이 감소한다. 경사도가 급한 대지에서의 유형별 차이보다 경사가 낮은 대지에서 유형 간의 차이가 큼이 나타나고 있다.

그림 71 옥외 공간율 비교

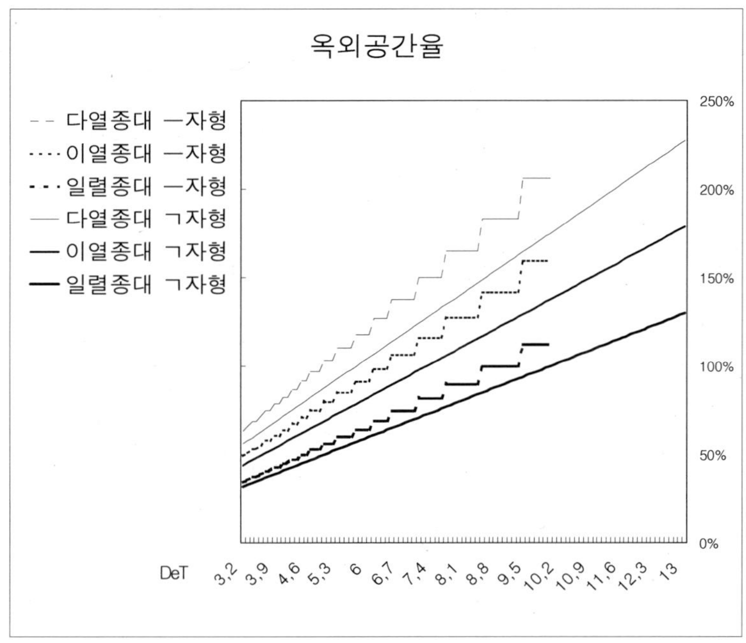

5. 연구의 종합요약

이장에서는 이제까지 장으로 구별되었던 결과들을 결론적으로 요약
하여 정리한다.

1) 밀집 간격

-2장 3절, p.25

경사지 테라스하우스는 집합주거의 형태로서 경사대지의 경사선(傾
斜線)과 단위주호의 상호연관성에서 이해되어야 한다. 단위주호와 단위
주호 사이의 전·후 인동간격을 밀집 간격이라 명명하고 이를 D로 나
타내기로 한다. 경사지 테라스하우스는 D<0일 경우를 나타낸다.

그림 72 밀집 간격

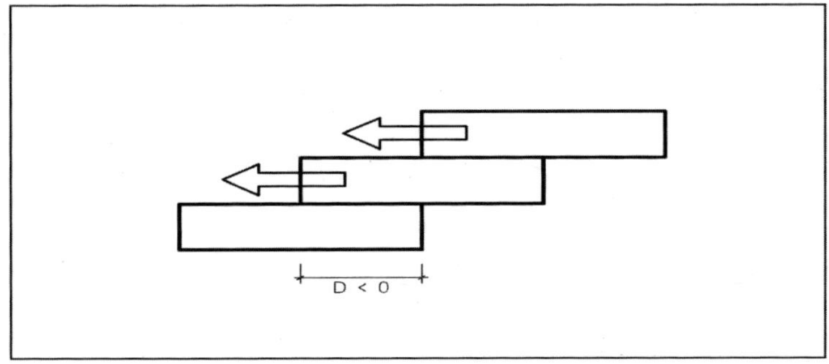

2) 주택의 규모 및 단위주호의 공간관계

-3장 1절, p.54

주택의 규모는 연면적 160㎡ 정도가 적정하며, 동일한 레벨에서 단위

주호의 공간은 거주 공간, 가사 공간, 그리고 교통(동선) 공간으로 분할
된다. 이들의 면적은 평균적으로 64 : 25 : 11의 관계를 갖고 있다. 거
주 공간 : 가사 공간 : **교통(동선) 공간**=64 : 25 : 11

3) 평면의 기본유형

-3장 2절, p.57

표 53 평면의 기본유형

유형	―자 유형	ㄱ자 유형	T자 유형	I자 유형
규모	16.0 / 10.0 max	16.0 / 13.0 max	16.0 / 13.0 max	10.0 / 16.0 max

경사지에 집합주택 건설을 위하여 표 53의 기본유형들이 적합하며
이들로부터 서로 변형될 수 있다. 이들은 원칙적으로 일방향 주택으로
서 건설시스템에 따라서 최소한 3면은 닫힌 상태여야 한다. 여기에서
단위주호의 바닥과 지붕은 건물의 면으로 간주된다.

4) 건설시스템

-4장 4절, p.134

경사지에서 주거동의 배열방법은 3개 건설시스템의 하나 또는 여러
기본요소로 이루어진다.

-일렬종대형 주거

- 이열종대형 주거
- 다열종대형 주거

건설시스템의 기본요소는 일렬종대형 주거부지이다.

표 54 건설시스템

일렬종대형	이열종대형	다열종대형
A A	A B	A C B

5) 시선차단시설 깊이

- 4장 2절 p.86

테라스의 활용 가능성을 위한 전제조건으로 확실하게 차단된 시각적 프라이버시 보호가 있어야 한다.

최소의 시선차단시설 깊이는 모든 평면유형에서 동일하며, 이는:

TS min = 0.80m(입식),

최대로 요구되는 시선차단시설 깊이는 사용된 평면유형의 깊이와 적층각도에 종속된다.

표 55 요구되는 최대 시각적 프라이버시 보호 깊이

건축유형	─자형	T/ㄱ자형	I자형
입식 TS max.(m)	2.4	3.15	3.85
좌식 TS max.(m)	3.30	4.30	5.30

6) 평면유형의 한계각도

-4장 2절, p.91

경사대지에서 단위주호의 적층가능한 상하의 한계각도는 테라스의 최소 깊이와 건물의 깊이에 의해서 결정된다. 모든 단위주호의 최대 허용 적층각도(積層角度)는 동일한 층고로 가정한 모든 평면유형의 상호관계로부터 도출된다.

θmax.=41°(입식), 37°(좌식)

최소의 적층각도들은 사용된 평면유형의 깊이와 적층에서 최대 허용 밀춤의 상호관계에 좌우된다.

표 56 최대 유효테라스깊이와 건축유형의 깊이 관계

평면유형	─자형	T/ㄱ자형	I자형
입식 TN max.(m)	7.6	9.85	12.15
좌식 TN max.(m)	6.7	8.7	10.7

7) 유효 테라스의 깊이

-4장 2절, p.86

테라스의 질을 위한 중요한 기준은 테라스의 이용이 가능한 깊이이다. 이 유효 테라스의 최소 깊이는 모든 유형과 층에서 동일하게 2.40m가 요구된다.

최대 유효테라스깊이는 사용된 평면유형의 깊이에 종속된다.

표 57 최소의 積層角度

평면유형	ㅡ자형	T/ㄱ자형	I자형
θ min.	15。	12。	10。

8) 시선차단시설 깊이와 유효테라스깊이의 비례

-4장 2절, p.96

테라스에서 시선차단시설과 유효테라스깊이는 일정한 비례관계를 보여주며 대상으로 한 모든 유형에서 유형에 관계없이 일정하다. 다만, 좌식과 입식생활을 기준으로 한 눈높이에 따라 차이를 보일 뿐이다. 이들의 비는 좌식을 기준으로 할 때 1:2, 그리고 입식을 기준으로 할 때 1:3의 비율을 이루고 있다.

표 58 시선차단시설 깊이와 유효테라스깊이의 비례관계

		테라스깊이	시선차단시설 깊이	유효테라스깊이
비례	입식	4	1	3
	좌식	3	1	2

9) 최대 도달 가능한 거리

-4장 3절, p.122

사행 승강기 없이 도보로 오를 수 있는 높이는 5층이며, 주차장에서 또는 승강기에서 최대의 수평적 도보로의 길이는 80m를 넘지 않아야 한다.

현관에서 차량 통행이 가능한 주구지선로(住區支線路)까지 길이 L은 수직적, 그리고 수평적으로 나누어야 한다.

이의 결과는:

$$L = 80 - n \times 10 (m)$$

9) 주거블록 규모

-4장 3절, p.122

최대 도달 가능한 접근로 길이의 규준에 의해서 주거블록이 최대로 확장될 수 있는 규모를 결정할 수 있다. 이를 위하여 주구지선로, 그리고 접근로의 동선시스템이 결정적으로 중요하다. 주구지선로 시스템은 경사상부도로 혹은 경사하부도로 또는 이 두 종류의 도로의 복합으로 구성된다. 접근로의 동선시스템은 수직적(수평적) 접근동선망(接近動線網)으로 구성되거나 또는 사행승강기와 복합적으로 구성된다.

표 59 최대 적정 접근로 길이

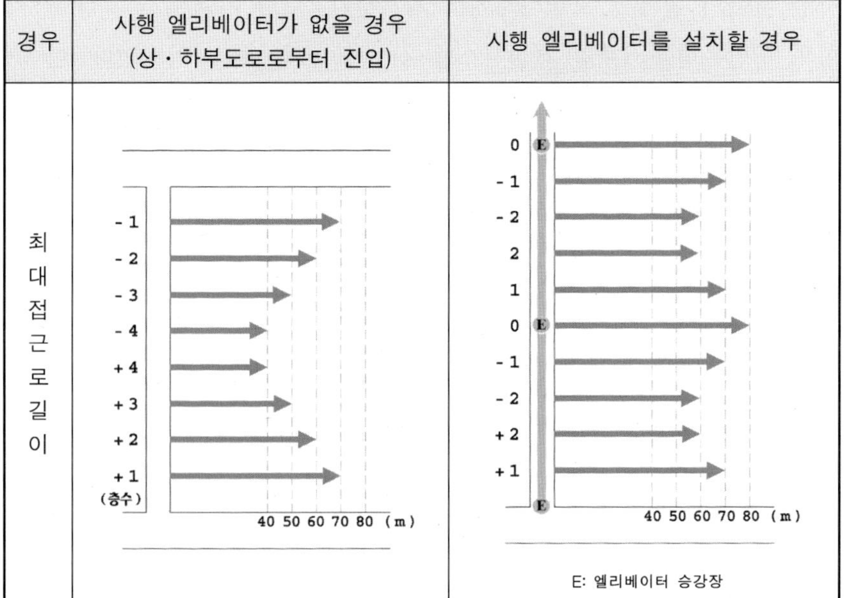

주거블록의 규모는 사행 엘리베이터의 설치유무에 따라서 최대 적정 접근로 길이는 다르게 나타난다.

10) 도시계획상 중요한 면적관계

-4장 4절, p.130

용도지역 안에서 건축허용기준에 관한 건축법 제47조에 건폐율과 용적률에 관한 사항 이외에 옥외 공간 확보를 위한 개념으로 옥외 공간율(屋外空間率)의 도입이 필요하다.

-옥외 공간율은 옥외 공간면적과 연면적의 비율이다.

11) 모델 사례

-4장 4절, p.136

이상적인 조건아래서 대지경사도와 도시계획의 면적관계의 밀도관련 사항 사이의 관계를 모델사례에서 제시한다. 모델 사례는 일자형, ㄱ자형의 평면유형을 3개의 건설시스템 Z1, Z2, ZN에서 파악되었다. 이 연구의 결과는 도표선에 의해서 제시된다. 도표선들은 한편으로 대지경사도에 종속적으로 다른 한편으로 선택된 복합에 종속적으로 면적 관계가 변화되는 것을 나타내고 있다.

6. 결   론

　본 연구는 테라스하우스에서 거주자의 질적인 거주성과 밀접한 관계를 갖는 테라스에서의 활동이 프라이버시 차원에서 보호되지 못하면 테라스의 존재의미를 상실하게 된다. 프라이버시 보호는 테라스의 크기가 충분하다고 해서 보장되는 것이 아니고 단위주호의 적층각도, 테라스의 깊이, 시선차단시설 등이 적절히 고려되었을 때 확보된다.

　또한 경사지 테라스하우스에서는 특성상 차량이 각 주호 앞까지 접근하기 어려우므로 거주자는 도보로 접근로를 많이 이용하게 되고, 따라서 접근로의 길이가 너무 길어지지 않도록 유의하지만, 이에 대한 연구나 이를 컨트롤할 기준이 없었다. 경사지 테라스하우스의 접근로 건설에는 경사지자체의 지형적 상황과 같은 자연적인 요소와 주거동의 층수, 단위주호의 조합유형등과 같은 인공적인 요소의 영향을 받게 된다.

　본 연구는 경사지 테라스하우스에서의 거주자의 질적인 거주성과 밀접한 관계를 갖는 요소들의 한계수치를 도출하였으며, 각 주호에 이르는 일반적인 접근로의 최대 길이를 도출하여 기준으로 제시해 설계실무와 규정이 준비될 경우 참고가 되도록 하고자 한 것이었다.

　연구의 중요결과는 다음과 같이 요약된다.

　첫째, 경사지 테라스하우스에 적합한 평면유형은 一자형, ㄱ자형(역ㄱ자형 포함), T자형, 그리고 I자형이라고 할 수 있으며, 이의 추출은 이 연구를 진행하기 위한 전제조건으로서 불가피한 것이었지만, 그간의 경사지 테라스하우스 공동주택의 특성들을 고려한 평면유형에 대한 연구가 없었다는 점에서 의의가 있다고 하겠다.

둘째, 적층각도는 一자유형에서는 15°-37°, ㄱ자유형에서는 12°-37°, 그리고 I자유형에서는 10°-37°의 범위가 적절한 것으로 분석되었다. 적층각도에는 좌식과 입식생활방식에 따라 차이가 있고, 입식의 경우 적층각도는 모든 유형에서 41°까지 적절한 범위로 파악되었다.

셋째, 경사지 테라스하우스에서 테라스가 활용되려면 테라스깊이는 모든 유형에서 좌식 3.6m, 그리고 입식 3.16m가 최소한 필요하다.

넷째, 적층각도와 테라스깊이는 경사지 테라스하우스의 전망성 확보와 프라이버시 보호에 중요하다. 이는 층고, 테라스깊이, 시선보호시설 등의 상호관계에 의하여 형성되며, 이들 간에는 일정한 원리가 작용함을 알 수 있었고 그 관계는 공식화와 다이아그램화할 수 있어서 기본조건만 주어지면 간단히 수치대입을 하거나 다이아그램을 통하여 적정 범위를 파악할 수 있고 설계에 활용할 수 있다.

다섯째, 테라스에서 시선차단시설과 유효 테라스깊이는 일정한 비례관계를 보여주며 대상으로 한 모든 유형에서 유형에 관계없이 일정하다. 다만, 좌식과 입식생활을 기준으로 한 눈높이에 따라 차이를 보일 뿐이다. 이들의 비(比)는 좌식을 기준으로 할 때 1:2, 그리고 입식을 기준으로 할 때 1:3의 비율을 이루고 있다. 이는 프라이버시 보호면에서 입식생활을 계획의 바탕으로 할 경우 필요한 테라스깊이는 좌식의 경우보다 상대적으로 작을 수 있어서 유리한 측면이 있음을 의미한다.

여섯째 접근로의 접속방식은 세로통로접속방식과 가로통로접속방식으로 나눌 수 있으며, 단위주호의 조합방법인 일렬종대형, 이열종대형, 다열종대형에 의해서 영향을 받게 된다.

일곱째 세로통로접속방식은 일렬종대형과 이열종대형에서 효과적이다. 가로통로접속방식은 이열종대형에서도 활용되나 주로 다열종대(多列縱隊)형에서는 필수적이다.

여덟째 최대 접근로 길이에서 4개 층까지가 도보로 상승 가능한 최대 충수이며, '수평보행로'의 최대길이는 계단을 오르지 않은 층에서 80m이며, 이를 층수에 연계하여 계단을 이용하여 1개 층씩 오를 때마다 10m씩 줄여 제한하는 방법으로 접근로 길이의 허용 범위를 정할 수 있었으며 또한 계산이 가능하도록 공식화할 수 있었다.

이들은 이미 국내에 건설된 경사지 테라스하우스의 평가와 미래의 테라스하우스건설계획을 위한 판단자료로 사용될 수 있다. 그리고 법규정이나 제도를 위한 기초자료로서 예를 들면 테라스하우스에서 이웃의 프라이버시 보장을 위한 시선차단시설설치의 규정, 접근로의 최대 길이 지정, 자연경관지구에 가칭 '경사지 주거지구' 지정 등등에서 본 연구의 결과들은 활용될 수 있을 것으로 사료된다.

한편 경사지 테라스하우스건설과 관련하여 한국의 건축법에 나타나는 문제점으로 몇 가지 사항을 들 수 있다.

첫째 한국은 경사지에서 건축물의 높이, 층수 산정 등에서 지표면 가중평균 높이를 설정하여 산정하므로 스위스에 비교하며 보다 더 완화적이나, 복토주택이나 테라스하우스에서 지하층으로 산정될 수 있고 이에 따른 건폐율 0%, 용적률 0%의 건축물 건설이 가능하도록 되어 있는 불합리한 점을 내포하고 있다.

둘째 건폐율 제한은 대지 단위로 최소한의 공지를 확보케 함으로써 시가지 건축물의 무질서한 과밀을 방지하여 일조·채광·통풍 등이 잘 되게 함은 물론, 화재 시 연소의 차단·소화작업·피난 및 식목을 위한 공간을 확보하기 위한 목적을 갖고 있다. 그러나 테라스하우스에서 테라스는 실제적으로 옥외 공간으로써 위와 같은 목적들을 충족시키고 있지만 국내의 건폐율 산정 시 일반적인 경우 건축면적에 포함되어 건폐율의 제한을 받게 되는 불합리한 점을 갖고 있다. 이것은 테라스하우스 건설에서 가장 장애적 요소로 작용하고 있다.

셋째 우리의 자연경관지구는 경사지의 지형 특성을 활용하려는 것이 아니라 주변으로부터 경사지의 풍경을 바라보는 조망권(眺望權)을 보전하려는 목적으로 제정되어 있다. 따라서 가능한 많은 녹지의 확보를 위하여 건폐율에 많은 제한을 두고 있다. 그러나 이는 타인을 위한 개인의 사유재산권 침해적인 요소가 강하다. 따라서 이는 건폐율 제한 방법에서 층수와 용적률 제한, 그리고 최소 녹지 확보와 같은 방법으로 변경을 고려하여 볼 만하다.

넷째 경사지의 경우 안쪽 깊이 위치하는 실들은 지하층과 같은 조건이지만 용적률의 산정에서 포함되므로 경사지의 특수성을 고려한 새로운 규정 삽입이 필요한 사항이다.

경사지 테라스하우스가 활성화되려면 앞으로 위에서 지적된 사항들에 대한 연구와 법규보완이 요망되며, 건축계는 물론 정책입안자의 인식전환이 중요할 것으로 생각된다.

참고문헌

학위논문

강부미, 경사지 저층 집합주택 계획에 관한 연구, 홍익대, 석사학위논문, 2001.

강성윤, 경사지 공동주택개발의 효율성 분석에 관한 연구, 한양대, 석사학위논문, 1991.

권윤경, 경사지 아파트 건물의 변용과 입지환경에 관한 연구, 동아대, 석사학위논문, 1998.

김성규, 경사지집단주거의 개발방안에 관한 연구, 동아대, 석사학위논문, 1997.

김영우, 경사지주거 실태분석 및 개발 방향에 관한 연구, 인하대, 석사학위논문, 1994.

박경남, 경사지 주거지역의 친환경적 개발을 위한 녹지 확보에 관한 연구, 전북대, 석사학위논문, 1997.

박소형, 경사지 특성을 고려한 저층집합 주거계획에 관한 연구. 서울대, 석사학위논문, 1991.

박수호, 경사지 아파트 주동의 향에 따른 일조의식에 관한 연구, 동아대, 석사학위논문, 2000.

박준형, 경사지의 지형적 특성을 고려한 주거 조성에 관한 연구, 단국대, 석사학위논문, 1991.

배상선, 경사지 저층 집합 주거계획에 관한 연구, 서울대, 석사학위논문, 1986.

안정표, 경사지의 지형특성을 고려한 환경친화형 주거개발계획에 관한 연구, 숭실대, 석사학위 연구, 2000.

이동훈, 경사지 집합주거의 기본방향에 관한 연구, 고려대, 석사학위논문, 1991.

이성명, 경사지 특성을 고려한 불량주거환경 개선방안에 관한 연구, 부산대, 석사학위논문, 2001.

장석우, 경사지를 활용한 전원주택의 적용유형에 관한 연구, 영남대, 석사학위논문, 1999.

정현옥, 경사지 고층고밀 아파트의 대안으로서 저층고밀 집합주거단지의 계획에 관한 연구, 고려대, 석사학위논문, 1998.

진병철, 경사지를 이용한 Terace Housing 계획에 관한 연구, 홍익대, 석사학위논문, 1991.

현택수, 경사지의 지형특성에 상응하는 저층집합주택의 기본유형에 관한 연구, 고려대, 박사학위논문, 1991.

홍동필, 경사도에 따른 경사지 아파트 계획특성에 관한 연구, 충남대, 석사학위논문, 2000.

학술논문

최규학, 임광성, 김남응, 경사지 테라스하우스에서 접근로의 최대길이에 관한 연구, 건축학회 학회논문집, 2001년 12월.

최규학, 김남응, 경사지 테라스하우스에서의 단위주호의 적절한 적층각도와 테라스깊이에 관한 연구, 건축학회 학회논문집, 2001년 7월.

박준영, 정무웅, 경사도와 중복비를 고려한 주거계획에 관한 연구, 건축학회 학회논문집, 1993년 5월.

손세관, 구릉지 주거지역 공간구조에 관한 연구, 건축학회 학회논문집,

1990년 10월.

심우갑, 경사지 건축물의 레벨차 처리 패턴과 그 활용에 관한 연구, 건축학회 학회논문집, 1991.

오승섭, 김용성, 경사지를 이용한 TERRACE HOUSE형 아파트 건축계획에 관한 연구, 건축학회 추계논문집 추계 2000년.

우동주, 경사지 집합주거 유형개발을 위한 현장 연구, 건축학회 학회논문집, 1995년 4월.

정두운, 이현우, 아파트 배치계획의 변화에 따른 일조시간 및 난방비에 관한 연구, 건축학회 학회논문집, 2000년 9월.

현택수, 경사지 주택계획에 있어서 지형유형과 주동형식의 상관성 연구, 건축학회 학회논문집, 1994년 1월.

현택수, 경사지주택의 특성과 유형에 관한 연구, 건축학회 학회논문집, 1988년 8월.

국내 단행본

Neufert, 강병근(역), 건축설계도감, 기문당, 1990.

건축자료연구회 역, 저층집합주택, 도서출판 보원, 1995.

공동주택연구회, 도시집합주택의 계획, 도서출판 발언, 1997.

김철수, 단지계획, 기문당, 1994.

김평탁, 건축용어사전, 기문당, 1998.

대한건축학회, 동지일 연속 2시간 일조확보를 위한 컴퓨터 시뮬레이션 연구, 건설교통부, 2000.

대한주택공사, 구릉지주택, 1980.

도시연구회 역, 도시시설(도로편), 대우출판사, 1998.

서울시정 개발연구원, 구릉지 재개발 아파트의 대안적 형태개발, 시정연,
        95-R-6, 1995.

애봇트, 폴리트/장성수 역, 경사지 주택설계, 태림문화사, 1997.

유해웅, 박상희 역, 일본과 독일의 도시계획법, 국토개발연구원, 1990.

이갑조 감수, 건축계획 첵크 리스트 집합주택, 이영사, 1980.

이광노 외 4인, 건축계획, 문운당, 1998.

이규인, 세계의 테마형 도시집합주택, 도서출판 발얼, 1997.

이명호 외 다수, 주거론, 기문당 2000.

이범재 외 4인, 건축계획론, 기문당, 1996.

이현호, 이정형, 현대집합주택 테마3, 도서출판 발얼, 1999.

장동찬 편저, 건축제법규, 기문당, 1999.

정무용, 도시계획관련법규, 도서출판 누리에, 1999.

최찬환, 건설정책과 제도, 세진사, 1998.

한국토지개발공사, 단지계획 · 설계 실무편람(I , II), 행문사, 1996.

한국토지개발공사, 구릉지주거단지 개발, 1988.

국내잡지

건축사, 1985년 8월호, 9월호, 11월호.

건축과 환경, 1985년 12월호.

공간, 2000년 3월호(특집 Urban Housing).

현대주택 1989년 8월호.

현대건축, 2000년 3월호.

외국문헌

Anke, G. 외 3인, Bauen am Hang, Verlag von Wilhelm Ernst, 1975.

Atelier 5, Siedlungen und städtebauliche Projekte, Vieweg Verlag, 1995.

Behling, S., Sol Power, Prestel, 1996.

Benkert, Karlheinz, Terrassenhäuser am Hang, Deutsche Verlags-Anstalt Stuttgart.

Berning, M., 외 3인, Berliner Wohnquartiere, Dietrich Reimer Verlag, 1994.

Bundesforschungsanstalt für Landeskunde und Raumordnung, Zukunft Wohnen, Heft 10/11, 1995.

Bundesforschungsanstalt für Landeskunde und Raumordnung, Umweltschonend Planen, Bauen und Wohnen, Heft 79, 1997.

Döcker, Richard, der Terrassentyp, Stuttugart 1929.

Faller, Peter, Der Wohnungsgrundriss, Deutsche Verlags-Anstalt, 2. Aufl., 1997.

Faller, Peter & Schröder, Hermann, Terrasierte Bauten in der Ebene, Beispiel Wohnhügel, 1972.

Frommhold & Hasenjäger, Wohnungsbau-Normen, Beuth Verlag 1997, 21. Augl.

Gesendorf 외 3인, Dichte, individuelle Wohnbauformen, Verag Arthur Niggli AG, 1983.

Gieselman, Reinhard, Wohnbau, Werner Verag, 1998.

Gunsser, C., Wohnen am Hang, Deutsche Verlags-Anstalt Stuttgart, 2001.

198

Hangarter, Bauleitplanung, Werner-Verlag 1999, 4. Aufl.

Herzog, Thomas, Solar Energy in Architecture and Urban Planning, Prestel Verlag, 1996.

Hoffmann, O. & Repenthin, C., Neue urbane Wohnformen, Bertelsmann, 3. Aufl., 1969.

Isphording, Stephan, Häuser am Hang, Callwey Verlag, 2000.

Kirschenmann, J., Wohnungsbau und öffentlicher Raum, Deutsche Verlags-Anstalt Stuttgart, 1984.

Mehlhorn, D., Grundrissatlas Wohnungsbau Spezial, Bauwerk Verlag, 2000.

Meyer-Bohe, Walter, Neue Wohnformen, Verlag Ernst Wasmuth Tübingen.

Meyer-Bohe, Walter, Wohngruppen, Verlagsanstalt Alexander Koch, 1979.

Neufert, Bauentwurfslehre, Vieweg.

Obersten Baubehörde im Bayerischen Staatsministerium, Siedlungsmodelle, Prestel Verlag, 1998.

Pietzsch, W. &Wolf, G., Strassenplanung, Werner Verlag 2000, 6. Auflage.

Pevsner, Lexikon der Weltarchitektur, Prestel, 1992, 3. Auflage.

Prinz, Dieter, Städtebau Band 1, Kohlhammer 1980, 2. Augl.

Prinz, Dieter, Städtebau Band 2, Kohlhammer 1980, 2. Augl.

Rainer, Roland, Vitale Urbanität, Böhlau Verlag, 1995.

Riccabona, C. & Wachberger, M., Terrassenhäuser, Verlag Georg D. W. Callwey, 1972.

Schneider, Jürgen, Am Anfang die Erde, Rudolf Müller Verlag,

1985.

Schneuder, Friederike, Grundrissatlas Wohnungsbau, Birkhäuser 2.
    Aufl., 1997.

Schönfeld, Jürgen W. Gebäudelehre, Kohlhammer, 2. Aufl., 1992.

Simons, Franz, Ausladende und terrassierte Hochbauten, Beton-
    Verlag, 1987.

Staatskanzlei in Aarau, Handbuch zum Bau- und Nutzungsrecht,
    1995.

Sting, Hellmuth, Grundriss Wohnungsbau, Verlagsanstalt Alexander
    Koch, 1975.

Strickler & Christ, Empfehlungen für die Beurteilung, Zonung und
    Überbauung von Hanglagen, Institut für Orts-, Regional-
    und Landesplanung der ETHZ, 1976.

Thiersch, Hans Reiner, Die Wahl des richtigen Grundrisses,
    Bauverlag GmbH, 1985.

Tichelmann, Karsten, Entwicklungswandel Wohnungsbau, Vieweg
    Verlag, 2000.

Treberspurg, Martin, Neues Bauen mit der Sonne, Springer-Verlag,
    1994.

Wichmann, Hans, Arcjtektur der Vergänglichkeit, Birkhäuser, 1983.

외국잡지

Aktuelles bauen 1984년 8/9월호.

Architect joural(1981) Nr.45,(1980) Nr.30.

architectural record, 1983년 4월호, (1983) Nr.4.

Architekt, 1989년 1월호 1979년 6월호.

Architektur aktuell, 1993 Nr.161, 1991 Nr.141.

Architektur und Technik, 1991년 9월호, 1990년 10월호.

Architese, (1983) Nr.5.

Bauforum, (1988) Nr.130, (1982) Nr.89.

Baumeister, 1993년 6월호.

Bauwelt, (1984) Nr.30, (1983) Nr.22, (1982) Nr.16/17, (1976) Nr.27.

D-extrakt, (1992) Nr.41.

Detail, (2000) Nr.5.

Deutsche Bauzeitschrift, (1986) Nr.12, (1982) Nr.1, (1977) Nr.2.

Deutsche Bauzeitung, 1990년 8월호, 1988년 2월호, 1983년 6월호, 1983
년 5월호, 1983년 4월호, 1982년 4월호, 1981년 9월호, 1978년 4
월호, 1978년 1월호.

Deutsches Archtektenblatt, 1994년 1월호, 1986년 10월호, 1986년 5월
호, 1979년 11월호, 1979년 9월호.

Domus, (1990) Nr.715, (1988) Nr.697, (1987) Nr.689, (1984) Nr.648.

Werk, Bauen und Wohnen, 1995년 3월호, 11월호, 1993년 1/2월호, 3
월호, 1991년 9월호, 1985년 11월호.

부록 1 스위스 경사지 테라스하우스 단지의 단위주호의 면적 및 일반사항 비교

		Bruggerberg Umiken	Oberhub Zollikerberg	Zug	Bremgarten	Horw	Sonnenberg Würenlingen	Auenstein
동 수		3	4	5	2	2	1	1
동당 세대 수		8-17	4	5-6	12	10	4-5	9
주거밀도		0.37	0.28	0.50	0.34	0.34	0.24	0.34
평균 건축면적(㎡)		141	344	147	190	186	164	145
평균 거주면적(㎡)		80	149	86	108	99	80	85
평균 거주/건축면적(%)		57	43	59	57	53	49	59
면적관계	거주면적(%)	70	52	70	66	62	58	66
	가사면적(%)	20	33	19	23	23	27	22
	교통면적(%)	10	15	11	11	15	15	12
평균 테라스 면적(㎡)		53	111	61	106	88	74	31
통행 가능한 평균 테라스 면적		16	71	37	30	49	22	29
내부 층고(m)		2.55	2.68	2.72	2.80	2.80	2.70	2.60
單位住戶의 최대 폭(m)		19.30	14.80	15.20	16.80	15.00	16.40	12.80
난방		중앙집중난방	중앙집중난방	개별난방	중앙집중난방	개별난방	중앙집중난방	중앙집중난방
난방시스템		온수	온수	공기조화	온수	공기조화	온수	온수
單位住戶 내부 실의 환기방법	자연식			집합적	집합적	집합적		
	강제식	개별	개별				집합적	

부록 2 一자형 평면유형의 동선체계 및 가변성

접근 동선체계	세로통로 동선체계	가로통로 동선체계
조닝 (Zoning)	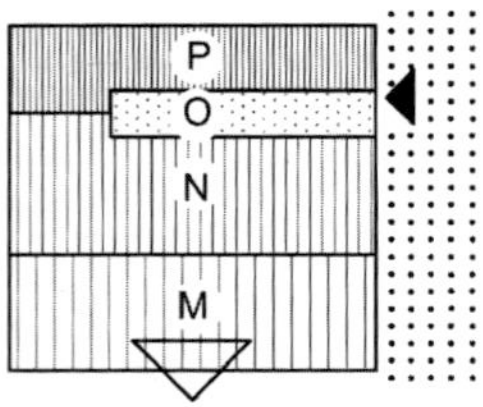	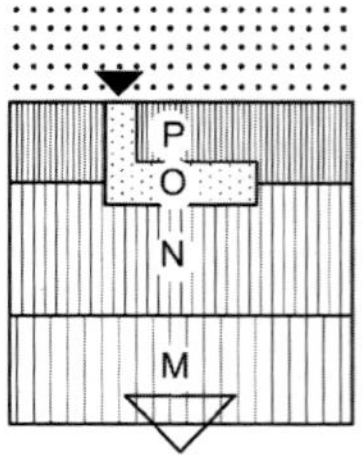
평면유형	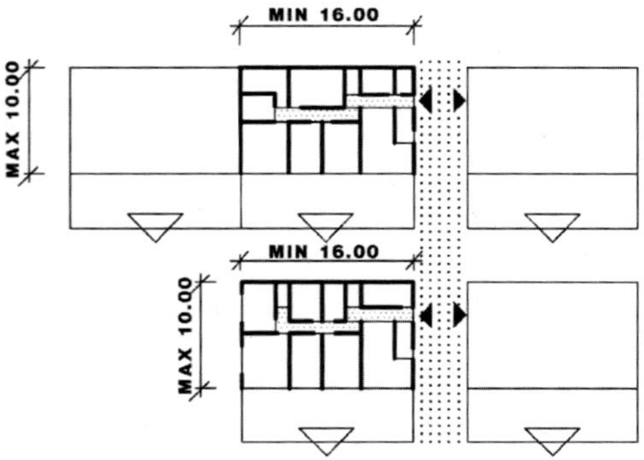	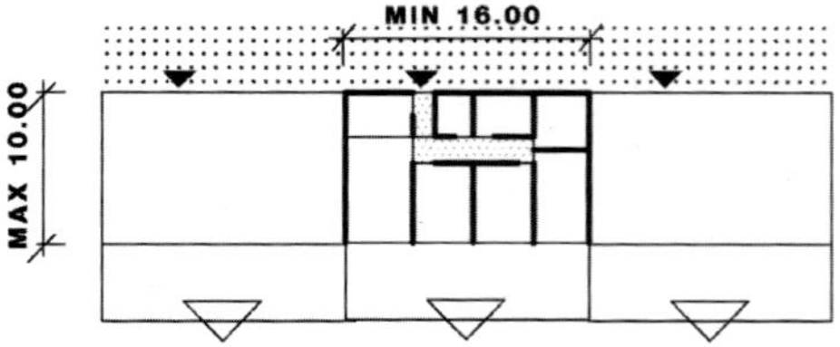

부록 3 T자형 평면유형의 동선체계 및 가변성

접근 동선체계	세로통로 동선체계	가로통로 동선체계
조닝 (Zoning)	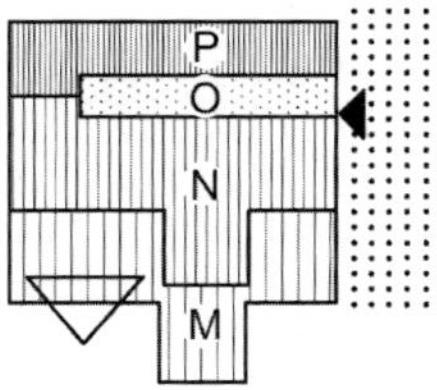	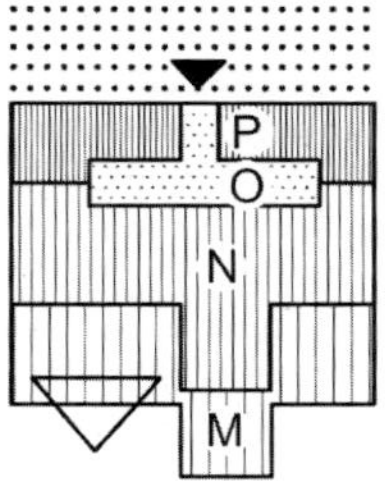
평면유형	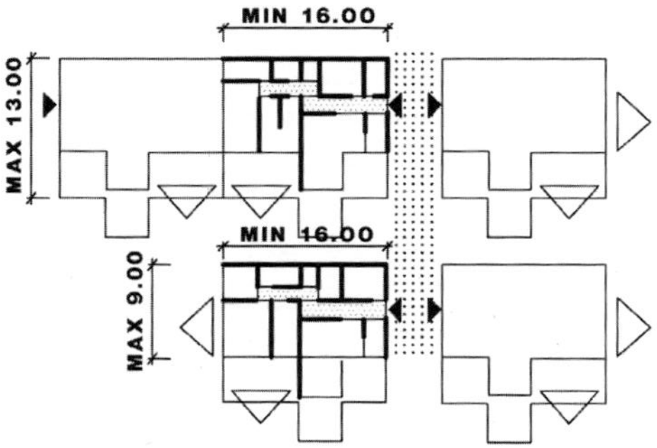	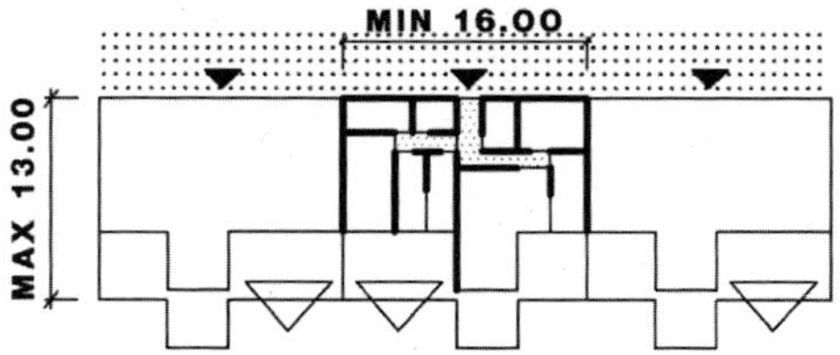

부록 4 ㄱ자형 평면유형의 동선체계 및 가변성

접근 동선체계	세로통로 동선체계	가로통로동선체계
조닝 (Zoning)	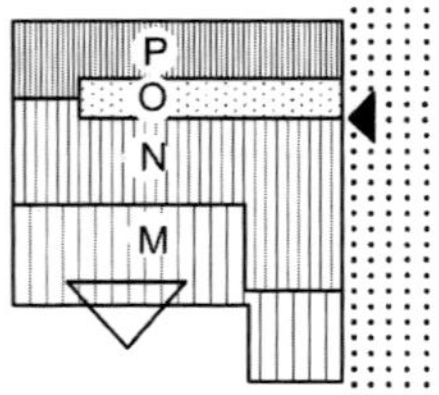	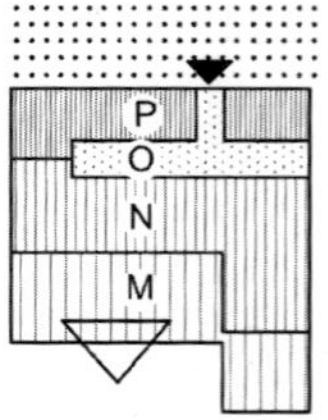
평면유형	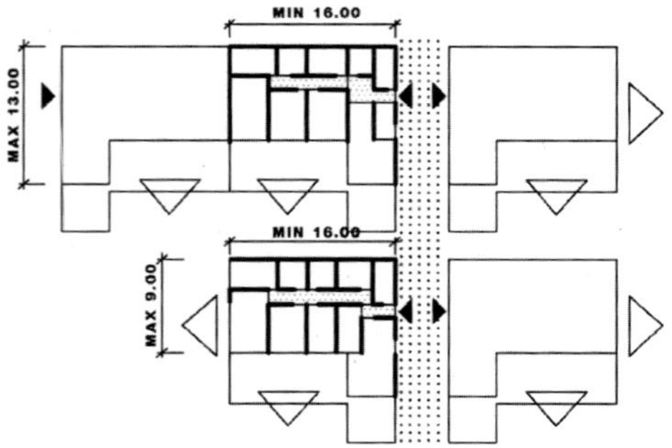	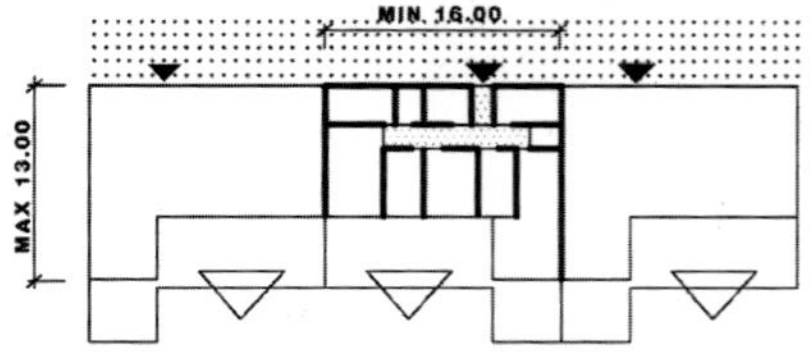

부록 5 I자형 평면유형의 동선체계 및 가변성

접근 동선체계	세로통로 동선체계	가로통로 동선체계
조닝 (Zoning)	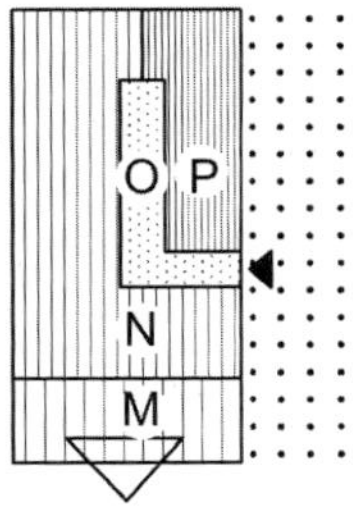 O P / N / M	 PO / N / M
평면유형	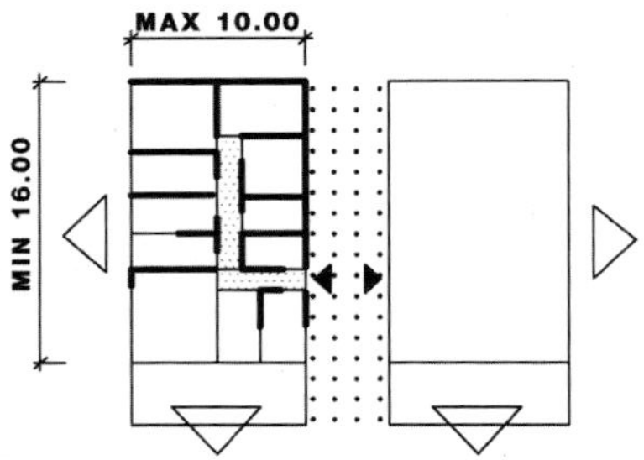 MAX 10.00 / MIN 16.00	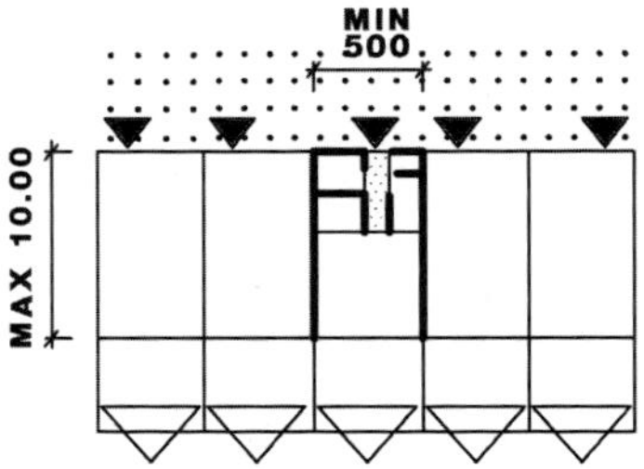 MIN 500 / MAX 10.00

· 저자 ·

최규학
（崔圭鶴）

● **약 력**
경희대학교 공과대학 건축공학과 졸업
독일 다름슈타트대학교 건축학과 Vor-Diplom
독일 다름슈타트대학교 대학원 건축학과 Diplom
단국대학교 대학원 건축학과 박사
재독과학기술자협회 재무이사
한독과학기술자협회 부회장
단국대학교 건축대학 초빙교수
건축사시험 출제위원
(주)건축사사무소 친환경 건축도시 대표이사

● **주요논저**
「경사지 테라스하우스에서의 단위주호의 적절한 적층각도와 테라스깊이에
  관한 연구」
「경사지 테라스하우스에서 접근로의 최대길이에 관한 연구」
「경사지 테라스하우스에서 유형과 경사각도에 따른 밀도에 관한 연구」
『기숙사 건축문화』(공저)
외 다수

경사지 테라스하우스

· 초판 인쇄 | 2006년 12월 30일
· 초판 발행 | 2006년 12월 30일

· 지은 이 | 최규학
· 펴 낸 이 | 채종준
· 펴 낸 곳 | 한국학술정보㈜
          경기도 파주시 교하읍 문발리 526-2
          파주출판문화정보산업단지
          전화 031) 908-3181(대표)·팩스 031) 908-3189
          홈페이지 http://www.kstudy.com
          e-mail(출판사업부) publish@kstudy.com
· 등   록 | 제일산－115호(2000. 6. 19)
· 가   격 | 24,000원

ISBN 89-534-6142-1 95540 (Paper Book)
      89-534-6143-X 98540 (e-Book)